知識內容寫作課
寫一篇真材實料的網路爆紅好文章

作者：泛科學總編輯 鄭國威

作者自序

　　我替很多書寫過推薦序，這是頭一回幫自己的書寫序。既然接下來整本書都是我想要跟大家講的事情，請容許我任性地在這篇序裡，先講點別的。

　　2018 年 3 月 14 日，史蒂芬·霍金 (Stephen Hawking) 博士結束了他在地球表面的旅途，再次成為了星辰。那天上午，我正在東海大學應用物理學系演講，談我如何從一個超有好奇心的科學少年變成一個厭棄科學的文科生，又如何從這樣一個文科生變成台灣最大科學知識網站的創辦者與總編輯。中午演講完，我跟多位物理學教授一起到校外餐廳吃午餐，才坐定沒多久，我們就同時收到霍金辭世的消息，覺得好不真實。

　　雖然我不在辦公室，泛科學的編輯部在主編雅淇領導下立刻啟動相關應對措施，畢竟這是時事熱點，更是科學名人熱點（關於「熱點」，會在本書中詳細介紹），是泛科學讀者最在意的議題。下午，我回顧著泛科學介紹過的霍金，既感動又惆悵。他自從 23 歲診斷出 ALS 之後，即使不能轉頭也從不低頭，除了持續理論物理研究與教學外，更孜孜不倦將自身知識轉化為科普書籍，寫下史上銷量最好的科普書《時間簡史：從大爆炸到黑洞》，破千萬冊的銷量讓他能無後顧之憂地繼續科研與寫作，更一舉將他變成當代最知名的科學家代表。他毫無身段地與流行文化圈合作，在《辛普森家庭》、《生活大爆炸》、《銀河飛龍》中以本人身份客串。他的故事被拍成電

影《愛的萬物論》，成為票房破 1.2 億美元的大作，飾演他的艾迪·瑞德曼更得到第 87 屆奧斯卡最佳男主角獎。

他對人工智慧可能帶來的危機示警，與伊隆·馬斯克與多位人工智慧專家發表公開信，呼籲對人工智慧即將帶來的社會衝擊進行更多研究。他對探索外星高等生命亦有保留，儘管他仍舊參與了突破攝星 (Breakthrough Starshot) 計畫，此計畫預計發射上千艘奈米太空艦隊，前往距離太陽 41.3 兆公里的半人馬座阿爾法星。他知道自己生命有限，要讓更多未來世代依舊對宇宙嚮往，只靠他這位科學界的超級明星當然不夠，於是他創辦「霍金科學傳播獎」(Stephen Hawking Medal for Science Communication)，藉由將自身的名氣與個人品牌借出去，來鼓勵更多人參與傳播科學。因為他知道，若要讓自己擁有的天文物理專業知識傳得更遠、深入人心，他的疾病跟輪椅從不是最大的阻礙，真正的挑戰是得先替每顆被壓抑的好奇心裝上火箭推進器。

當天下午，我透過電話接受了電台採訪，談為何霍金如此重要，一股腦地講了 10 分鐘。隨後，我有感而發地在臉書上留下這句話：

「與其說霍金用生命做科學，不如說他用生命做科普。」

看到這裡，你或許以為我想說的是「看這本書，學會知識寫作，你也能像霍金一樣有影響力」之類的。當然，沒那麼簡單，但我想說：雖然斜槓 / 零工盛行、人工智慧來勢洶洶、碎片化學習讓人焦慮，專業認同岌岌可危，但我卻更相信知識傳播的價值。專業知識從未如此精細分工、從未如此容易被誤解、但我們也從未擁有如此好的機會，能夠靠自己的知識，靠著自媒體操作，締造過往唯有大企業、大媒體、大人物才能達到的成就。我相信這本書將能夠提供有志於與大眾對話的你，一個更有效率達到目標的方式。對專業人士來說

如此，對像我一樣的跨領域學習者更如此。

泛科學網站成立至今七年，謝謝過去七年來曾協助過我、以及仍在持續跟我共同努力的同事；謝謝數百位教授跟各領域專家；謝謝從我開「用科普寫作打造個人品牌課」起就立刻報名支持的同學；謝謝泛科學臉書專頁上 40 萬按讚支持的臉友、Youtube 上 8 萬多位訂閱者、每月 100 萬不重複的網站讀者。若沒有這段與各位同行的歷程，就沈澱不出、精萃不了、昇華不成這本書。

泛科學網站的 1.5 億瀏覽量，當然還是比不上霍金博士，但想到我們正在跟隨霍金博士前行，豈不就是最大的樂趣嗎？

泛科學總編輯 鄭國威

目 錄

目錄

第・五・章
如何精準推廣內容，建立品牌認同？

第·六·章
建立個人知識品牌的策略與方法

第
・
零
・
章

為什麼
你的專業知識
沒人看？

0-0

專業者需要修煉個人品牌的理由

你不一定要成為網紅，而是要讓你的專業發揮正向影響力

在這個社群媒體時代，知識經濟的潮流中，你除了在自己的專業領域發揮影響力，你還可以利用專業來改變一般人，傳遞更正確的知識，提供更有效的技術。而這件事情並非只有網紅才能做得到。你或許不是行銷高手，不是天生表演者，但你可以透過有效的方法，成為「專業知識」的傳播者，並利用你的專業知識來打造個人品牌。

我是泛科學的總編鄭國威，泛科學在這幾年來成為台灣最重要的科普平台之一，網站上許多科學知識文章受到讀者們的歡迎，在Facebook 上擁有大量的按讚、分享數，這些文章與作者不僅傳達專業知識，而且內容本身還很有趣，能夠打動人心，讓專業知識就像娛樂內容一樣受到歡迎，在這樣的過程中，我們也學到許多用專業知識打造品牌的經驗與方法。

因此，我們希望集結泛科學上的經驗，整理出一套方法，幫助需要的朋友「真的用專業知識打造品牌」。

我看到許多具有專業的朋友，他們其實擁有非常多的專業知識，也希望能夠跟更多人分享。並希望通過這樣的分享，讓更多人能信

任自己的專業。但是，他們卻苦無方法。

NOTE　泛科學：http://pansci.asia/

為什麼專業知識難以傳播？

其實這是一個加速時代的常態，在這樣的時代，資訊的傳播速度，以及我們接觸資訊的方式，都產生了極其巨大的改變，也因此我們更需要來了解，如何更有效率地來做專業知識的傳播與溝通。

> **有效的溝通，就是讓對方理解與接受，**
> **並改變行為。**
> **而關鍵的問題是，許多專業知識的分享，**
> **似乎都讓一般人難以理解。**

對於一般人來說，他們可能覺得，為什麼這些專家、醫師、科學家等等專業人士都不說人話呢？總是聽不懂這些專業人士到底想要表達什麼？

其實專業人士講話讓人聽不懂，有個很關鍵的原因，就是喜歡用專業的用語來表達內容。

善用專業名詞，在同領域的專家與專家之間，可以準確有效、簡潔有力地傳達複雜內容。所以專業人士善於利用專業名詞，以便高效率地溝通複雜的問題，只要講一個專業名詞，業內的人就知道想

要溝通什麼了，這可以大大降低專業人士、同儕之間溝通的成本。

不過，一般人可不懂這些專業名詞，所以當你的專業需要跟「業外」的人溝通時，就要改變你的溝通方式，不能再用寫論文的方式來撰寫你的專業內容。

再者，比較不好的情況是，有些專家會透過掌握這些專有名詞，運用這些專用術語，來減少外界對自己專業領域的質疑，讓大部分對這個專業祇是略知皮毛、甚至完全不懂的人，很難去監督這個專業。過去，賣弄高深或許可以讓人敬畏，如今，這樣的做法造成了很嚴重的反效果，讓許多人對專業與專業工作者厭煩跟不屑。

在專業養成的過程中，專家們不自覺會以專業的方式來寫報告、做溝通。但是當轉過頭要面對社群，面對大眾，面對需要你的專業來幫他們解決問題的一般人時，專家就要改變思考，改變自己的溝通方式。

> **一般人或許不是對你的專業沒興趣，**
> **只是他們聽不懂你說的專業。**

為什麼專業知識需要妥善傳播？

如果專家們只用自己的專業方式來溝通，將會帶來不好的影響。

這樣持續運作，專業變成只在專業領域內才能討論，久而久之會發現跨領域之間的協作變得越來越困難！在這個時代裡，跨領域知識的運用又變得越來越重要，不同領域之間的協作，儼然已經變成常態。但是，卻因為溝通不良，遭遇到了非常非常多的挑戰。

> **讓專業被聽懂,不只是為了建立個人品牌,也是為了更有效的跨領域合作。**

這樣的情況會造成惡性循環,會讓一般人更討厭專家,會讓不同專業領域之間也彼此鬥爭。

並且因為大家覺得聽不懂這些專家講的話,我也聽不懂,你也聽不懂,於是大家越來越無感,開始覺得這些專家講的話反正跟我無關,不願意去聽專家說的話。

> **當溝通不良的情況持續發生,最糟糕的情況,也就是對專業的否定。**

一般人開始認為某種專業,以及掌握這些專業的人其實都是一群騙子,認為他們的專業一直都是假掰、欺騙,甚至產生出最極端的情緒,就是「反專業」的傾向,看到專業說詞、專家現身就覺得是沒用的、沒辦法解決真實問題的,心中直接排斥專家說的話。這樣的情況已經在全世界發生,你我都可以聯想到一些案例。

回過頭來省思,不該把責任歸咎在一般人身上,會造成這樣的情況,其實是因為專家不重視專業知識對一般人的傳播。

你想讓社群被假專業領導嗎?

當越來越多的專業不受到重視,就會演變成有專業知識話語權的常常是名嘴們、網紅們,當然他們不一定不好,可是當他們什麼都

評論時，有時候難免出現錯誤的知識和資訊，可是專家們又沒有能力去撥亂反正。

如今各種領域的專家，包含行政領域的公務員，大學教授，醫生，律師等等，這些專業過去都是我們非常尊重的專業，但現在社群上大家越來越不重視他們，也越來越不尊敬這些工作。而他們也不懂得如何為專業發聲，更別提本來就比較不受重視的其他專業工作了。

更有甚者，有越來越多的假專業人士，反而可以透過他們更擅長的溝通方式，代替真正專業的專家，發表錯誤的言論，但卻在社群上廣受追捧。這就是我們目前遇到的大問題，也是不管來自什麼領域的你，所希望能夠解決的問題。

這本書想幫專業者解決的問題

接下來，我們就會在本書一步一步帶領各位，瞭解如何重新拾回專業的溝通能力，讓自己的專業被更多人所理解，並且被更多人所愛好，甚至在社群上建立起你的專業知識個人品牌。

你可以放心的是，本書不是要你真的轉職成寫作高手，也不是要你成為專業網紅，你可以沒有高超的寫作能力，你也可以不善於表演或搞笑。

"本書希望你同時是一位投注最多時間在專業、持續精進的專家，但也能同時打造有影響力的

個人知識品牌。　，，

　　這就是本書的出發點，也由此出發，設計出一套讓各領域專家能邊看邊操作的專業知識寫作方法。透過本書教你的「具體可行方法」，你也能讓自己的專業變得可以跟一般人溝通、對一般人來說覺得有趣，並且用最少的時間和精力，建立起你的影響力。

第
‧
一
‧
章

知識寫作
九宮格

1-1

結合專業知識與爆紅元素的寫作九宮格

用一套明確可行流程，打造兼顧專業知識與傳播效果的內容

在我們泛科學的網站上，有許多專業的科學家、心理學家、醫師等專業人士發表文章，他們都是專業的研究者跟工作者，但大多數不是專業的寫作者，可是他們一樣能夠創作出受到社群歡迎，並且擁有大量按讚分享與點閱瀏覽的文章。

換個角度，在泛科學中有許多編輯，編輯們不一定是專家，但是透過結合專業資料的寫作方式，再加上時而合乎情理、時而超越常理的詮釋，讓文章不僅有專業性，也有可讀性，更進一步的還具有爆紅的因子。

是什麼樣的寫作編輯架構，讓專業者、編輯們，都能創造出既具有專業知識，又具有爆紅元素的文章呢？

我身為泛科學的總編輯，要在這裡跟大家分享我們長期經驗累積的成果，把這套寫作方法分享給大家。這套方法可以讓專業者不需成為作家，也能生產出爆紅的文章。這套方法也可以讓編輯不一定要是專家，但也能寫出熱門但又專業的文章。

我們是有一套明確的方法的，而我將這套方法轉化成「知識寫作九宮格」。

這個九宮格的構想，其實來自於「Business model canvas（商業模式圖）」，也就是商業上常常利用於評估商業模式的九宮格，透過這張商業模式圖，幫助你循序漸進分析客群、市場、行銷管道、既有資源、成本結構，乃至於歸納出更精準的商業產品價值主張。

關鍵就是，有沒有一個思考結構，有沒有一個循序漸進的創作流程，可以幫助我們「重新架構」自己的專業內容，把知識變成有用，而且還有趣的熱門文章呢？

這就是「知識寫作九宮格」的目的，尤其希望幫助專業者們，因為無論你的專業是什麼，沒有人天生具有寫作能力，但人人都能利用這套九宮格的流程，更簡單創作出有潛力爆紅的知識內容。

熱點場景	誰？	怎麼做？	結果	感受
	為什麼？		展望	
參考資料		圖片影音		

知識寫作流程圖

知識寫作術

1. **熱點**
   - a. 流行文化
   - b. 節慶
   - c. 名人

2. **場景**
   - a. 進入故事的時空
   - b. 想像或熟悉的生活空間

3. **誰？**
   - a. 誰創造出來？
   - b. 用什麼方式得到？
   - c. 為何現在發表？

4. **為什麼？**
   - a. 核心的問題意識

5. **怎麼做？**
   - a. 知識被發現或創造的過程

6. **結果**
   - a. 研究成果
   - b. 成果的可能性

7. **展望**
   - a. 可以用來幹嘛？

8. **感受**
   - a. 希望讀者產生的情緒與行動
   - b. 給讀者分享與回饋的理由

9. **參考資料**
   - a. 給讀者值得相信的理由

10. **圖文影音**
    - a. 重點還是文字
    - b. 讓讀者進入場景，同時放輕鬆

1-2

熱點

運用你也熟悉與喜歡的熱點，讓大眾看向你的專業知識

　　接下來我們要一格一格來介紹知識寫作九宮格，首先第一格就是熱點以及場景，這部分是構成「爆紅元素」的關鍵，所以我們會將「熱點」和「場景」分開介紹，但寫作時他們是彼此相關的。

首先要引起一般人的注意

　　為什麼需要注意熱點以及場景？大家都知道我們人的注意力通常很容易失焦，也容易分散，當在臉書看到一個好似有趣的新文章，或是手機彈出一個來訊通知，我們很容易就被吸引過去，甚至丟下我們正在進行的重要工作。

　　我們能專注停留的時間很短暫，如果不夠有趣，或是不夠吸引我，和我沒有切身相關，我就很容易跳過這樣的資訊，甚至只是點開來，連讀都沒有讀就離開。

　　人們會去注意那些他們熟悉的東西、或是能帶來驚喜的東西，在有限的時間與注意力下，甚至只有特別喜歡、特別有趣的東西會讓

人們認真看完。但是，剛好我們的專業知識通常比較艱難，比較難讓一般人產生興趣。

也難怪專業知識在網路上很難傳播，若堅持只寫專業內容，更難引起一般讀者的注意，而如果讀者連打開來讀都不願意，你又怎能透過你的專業內容，去影響他們、改變他們呢？

所以，我們不是要討好讀者，也不是要捨棄專業。而是當我們真的想要利用專業知識做正確的事時，首先就要面對讀者時間有限、注意力有限的問題，我們必須先引起他們的注意，然後專業知識才有可能傳播與具影響力。

這就是為什麼我們要來掌握熱點以及場景。

用大家原本看著的東西來轉移視線

那麼什麼是「熱點」呢？簡單來說，就是大家原本會一直看著的東西，原本喜歡看著的東西。

簡單舉個例子：請你現在舉起右手，看著它，視線不要移開，右手姿勢也不要動。這時若我要你在維持這個狀態下看你的左手，你該怎麼做呢？答案當然是把左手舉起來疊在右手上。

這樣順著人「原本注意的東西」，把你真正希望讀者看的另外一個東西移到其旁邊，他們自然就會看見你想要他們看的。就是所謂的「熱點」利用。

不是硬要他人去看，因為這樣反而會讓人抗拒。相反的，先讓讀者看到他們原本感興趣的，然後把你想要講的東西擺在他們感興趣的東西旁邊，他們的視線無需移動，就自然會看見你想要傳播的新知識。

> **透過熱點的掌握，我們要運用**
> **大家原本的注意力、原本的視線焦點、**
> **原本感興趣的東西，**
> **將原本大家不感興趣的**
> **專業知識傳播出去，讓更多人看見。**

　　說到熱點，有哪些熱點是我們可以掌握的呢？這邊我跟大家介紹三種通用熱點，這三個通用熱點是你也一定可以掌握的。

流行文化熱點

　　第一個熱點就是「流行文化」。

　　例如流行的戲劇、流行的音樂、流行的遊戲、流行的小說、流行的電影，種種只要你認為目標群眾非常感興趣，都會討論的文本，就算是流行文化。你雖然是一個專業者，但你也應該對某一種流行文化也有興趣，這時候你就可以從這裡出發：

> **從你也感興趣的流行文化中，**
> **去找到熱點，吸引大眾看向專業。**

　　在各種流行文化中，又以「電影」作為最重要、最容易取得、效果特別好的一個流行文化載體。

　　首先電影上映的時間在半年前就幾乎確定了，所以可以提早安排

寫作。再者，因為電影上映之前會有許多的宣傳，會有許多的曝光，電影公司本身就會推出許多電影海報、影片預告等素材以利傳播，也就是說，電影本身的宣傳，就讓大眾開始關注這個熱點，等於有人幫你創造好一個大眾目光聚焦的熱點了。

那等電影上映的時候，就已經有許許多多人都對這個電影感興趣，在觀影前或後都會搜尋這個電影的相關名詞，在 Google 搜尋這個電影的關鍵字，這代表大家已經都看向這部電影了（不管是否有去看），我們只要把專業知識也跟這個熱點擺在一起，那麼就更容易在大家搜尋時被看到，或在社群媒體上吸引讀者的興趣。

這個時候，我們就是運用流行文化中的「電影」，來作為我們專業知識行銷，作為我們掌握熱點的工具。

舉例來說，假設接下來要上映的電影是漫威的「復仇者聯盟」，那我們該怎麼樣讓大家從原本對復仇者聯盟的關注，轉移到我的專業知識內容呢？這時候可以想想看，我的專業領域當中有哪些知識是可以跟漫威、跟復仇者聯盟當中的角色或劇情相互搭配的？我可不可以用專業知識，來解讀電影中的某些劇情、背景與疑惑？像是用心理學講解一部熱門愛情電影，用科學講解一部最新科幻電影。

再舉例來說，可能最近有流行的新歌曲，這些歌曲歌詞部分，有沒有可以跟你的專業有些搭配的呢？在這些歌曲中，有某些讓大家朗朗上口、感同身受的歌詞，你能不能利用自己的社會學專業或語言學專業，去講解這個歌詞中運用了什麼符號，創造了什麼樣的集體意識呢？

這時候，大眾因為對這些電影與歌曲感興趣，於是也會對你的專業知識將要做出什麼特殊的解釋，感到特別有興趣，目光就會看向你這邊。

節慶熱點

第二個通用熱點就是「節慶」。

什麼叫做節慶呢？重大節慶大家都能想到，就是中秋節、端午節、過年，這些東西我們都叫做節慶，也都可以拿來利用。

當我和讀者處在同一個文化圈時，我們都會對於這些特殊的時間點、對這些日子感到特別的敏感，當我們接近這些時間點的時候，我們的生活都會因為這些節慶的發生而產生改變。

> **這時候大眾的目光，甚至大眾的生活需求，都會聚焦在跟這些節慶有關的內容上，也就是你吸引大家看向專業知識的好機會。**

比如說中秋節可能快到了，於是大家開始關注烤肉的方法，關注全家團圓的心理需求，關注賞月的天氣，關注放假如何安排出遊。或是端午節快到了，大家開始關注划龍舟的歷史，關注包粽子的相關食譜等等。

這些節慶是一個共同文化產生的，也是整個社會幫你預先設計好的熱點，甚至能夠影響人們的生活方式，哪能不好好利用呢？

> **而且節慶還有一個特色，就是會重複的、週期性的定期發生，讓你可以預先準備。**

也就是說這些節慶，都會讓我們一而再、再而三重複的去關注這些日子的發生。每一年都有很多節慶，你不會缺乏可以利用的熱點。

而且，也不只是這些傳統的節慶，所謂的節慶，還包括「週期性發生的事情」。舉例來說，百貨公司的週年慶，也是定期會發生的事情。又或者說學生的開學、學生的考試、寒暑假。或是說很多的世界節慶日，比如說世界海洋日、世界穿山甲日、世界森林日，甚至是國際薯條日。

各種週期性發生的事情，有些不一定是那麼跟大眾相關，但是大眾如果知道有這麼一個特殊節日，心中也會想知道為什麼？背後有什麼意義？這都是你可以趁機引起大眾興趣的方法。

所以，這些節慶我們都可以利用，因為當這些節慶發生的時候，我們自然而然想瞭解這一節慶背後所承載的意義，並且透過瞭解節慶，來創造人與人之間溝通的話題。

也就是大家會想要聊聊這些節慶，如果你適時撰寫了這樣一篇文章，大家就會更想要分享，成為他們談論的話題。

而我們就是要利用這個熱點，提供大家可以討論的話題，透過這個方式吸引大家間接瞭解你這個專業領域的知識，以及你的專業跟我們每個人都在過的這些節慶有什麼關係。

名人熱點

第三個通用熱點就是「名人」。

這邊講的名人，就是能吸引大眾目光的那些人，簡單來說，名人就是「移動的熱點」，他們本身就是大家的焦點，只要他們的名字出現，或是現身登場，大眾的關注焦點就會往他們身上移動。

我們肯定都看過有些文章下這樣的標題：「馬克佐克伯，你錯了！」，或是「給蔡英文總統的公開信」。為什麼這些創作者要寫這篇文章呢？蔡英文總統真的會看嗎？他們會不會看我倒不知道，可能不會，不會的機率還滿高的，但為什麼創作者還是非常喜歡寫這種「對有名人士喊話」的文章呢？

> 其實非常簡單，這些創作者不一定是真的
> 想要寫給名人看，而是想要寫給大眾看，
> 只是透過這樣的熱點，
> 讓其他人反而都想看看
> 你想要對這些有名人士講什麼。

利用大家對於這些有名人士的關注，來產生熱點，讓我們的專業領域，跟我們的知識，可以跟這些人做很好的結合。

> 名人，不只是活著的名人，
> 也可以是歷史上的名人，
> 甚至是小說動漫當中的名人，
> 這些虛構作品中的人，
> 也都可以被拿來利用成熱點。

除了這些之外，名人跟節慶中間還有一個連接點，也就是這些名人的生日跟忌日，這個也是會週期性發生的。舉例來說，愛因斯坦的生日忌日，都可以再次介紹與他有關的那些科學專業知識。

當我們自身有些專業知識想要跟大家介紹，我們可以利用跟這些名人的連結，來讓大家感興趣，這是非常有效的方式。

泛科學作者問答

如何不落俗套的使用熱點？

海苔熊／台大心研所畢，彰師大諮商輔導所博士生。筆名海苔熊，是一種結合可愛與可口的動物。

從永恆的愛戀難題出發，連結各種影劇、節慶甚或是社會事件，海苔熊總能在超長篇文章裡繞了一圈最後陪你聊到心坎裡；要到位的反應熱點不只要有知識力與寫作力，更要有意志力。如果你也想在熱點中不落俗套地發揮自己的專業知識，以下是海苔熊給你的三個建議：

1. 要有放下一切、無論如何都一定要把文章生出來的決心；在這個階段比起知識，足夠的情緒反而還來得更重要。

2. 與其去琢磨讀者會在意的內容，不如從自身角度去發展切入點。從自己會在意、特別會記得的點出發，寫起來會更順手。

3. 可以試試看具有衝突性、讓人會感覺「以為是這樣，但並不是這樣」的角度，能激起的閱讀跟與對話的情緒會更高漲。

1-3

運用熱點的兩個注意事項

熱點不是熱門就好，用錯了也會讓受眾的焦點偏移

現在我們知道，可以運用「熱點」來吸引讀者的目光，讓他們看向我這裡，並連帶看到我放在熱點周遭的專業知識。

不過，當你運用熱點時，並非胡亂把熱門東西跟專業知識放在一起就好，也不一定什麼熱點都適合你來運用，如果運用不好，也有可能創造反效果。

所以接下來，我要補充兩個使用熱點時的注意事項。

熱點要跟你的目標受眾對應

使用什麼熱點，對你想要傳播的專業知識效果最好呢？這時候我們要先問一個問題：「我的目標受眾（Target Audience，簡稱TA）」是誰？

例如你可能是要傳播某種醫學知識，但你的專業領域是關於老年疾病的，這時候你的主要TA就是年長者，而不是年輕人，而這兩群人

可能有共通的熱點，也會有不同的熱點。若是用年輕人的熱點，可能年輕人被你吸引來了，但看了無感，也不是你想服務的主要對象。反之，同樣的情況，如果你的目標對象就是年輕人，想要告訴他們這種老年疾病的知識，讓他們能夠協助自己的長輩，那就更該用年輕人的熱點。

> **所以專業者要持續的去瞭解你的 TA（目標受眾），了解他們所關注的流行文化、節慶、名人可能是哪一類？**

　　如果你的目標受眾（TA）是 15 歲到 18 歲的年輕人，特別是學生，那他們現階段可能會關注的是許多韓國的明星、許多韓國流行音樂，可能也關注許多 YouTuber，這時候，我們就要利用這些流行文化作為熱點，或是利用這些名人來作為熱點，吸引年輕人來看適合他們的專業知識。

　　假設你的目標受眾（TA）是 50 歲到 60 歲的年長者、中年人，那這時候我們就要利用這個年代的人會關注的流行文化，或者他們可能是父母，利用父母會關注的節慶，把這些熱點連接我們自身的專業領域，創造吸引他們目光的效果。

　　舉個例子來說，當我們要講大腸癌相關的專業知識，這樣的知識對中年人來說更為關注，也特別是要傳播給年長者看的知識，那麼這時候，我會用誰的案例當作目光焦點來講呢？很有可能我會用豬哥亮先生來講這個醫學知識，這樣子才有辦法吸引中年人、年長者的目光，並且讓他們理解說，原來這個專業並不是一個單純的專業

知識，而是他們平常所關注的名人身上會發生的事情。

　　要再提醒各位，你必須要知道你的目標受眾到底是誰、你想要傳播的這群對象會關注的熱點到底有哪些，不要只鑽研於自己的專業知識，而是要去知道你的 TA 聊天時他們關注哪些內容，用真正有效的熱點去吸引你的 TA。

為什麼不談時事熱點？

　　所以我前面講了哪三種通用熱點呢？

> ⇨第一個熱點就是流行文化，例如電影。
>
> ⇨第二個熱點就是節慶，也就是週期性會發生的這些事情。
>
> ⇨第三個熱點就是名人，也就是大家關注的有名的人，虛擬的也可以。

　　這三個通用熱點，之所以「通用」，好處就在於我可以「預測」他們會成為熱點，於是從此刻就能開始規劃一個月後、兩個月後，甚至一年之後的文章，開始根據「確定未來一定會發生的熱點」，規劃我需要跟大家溝通的主題。

> **這些通用熱點可能會重複的發生，**
> **擁有長期的討論價值，**
> **所以我們現在就可以加以掌握，**

可以有足夠時間事先做好準備。 🙾

　　這時候，很多朋友可能會問，「時事議題」算不算熱點？當然算，可是時事議題比較難掌握，原因就在於它可能是突然發生的，你不一定當下就能了解狀況，也不一定有足夠時間做好準備，如果只是追著時事寫文章，反而可能因為時事很快出現又很快消失，你來不及寫，最後什麼熱點文章都沒有創造出來。

　　而且時事議題很敏感，並且相對的變動性很大，可能牽涉到許多負面的事件，可能還有很多變數，你當下看到的資訊不一定是正確的，這時候，要搭配這樣的熱點寫成文章，風險就很大，因為你可能會遇到很多爭議，可能寫錯，可能會有很多不同立場的人來攻擊。

　　所以，當要用時事作熱點連接自身專業的時候，自然比較具有挑戰性。

　　所以我會建議我們先利用「通用熱點」，也就是流行文化、節慶、名人等。這些熱點好掌握，事先就知道會發生，並且相對爭議性較小，如果真的應用得當，我們再間接利用時事熱點，我認為這是一個比較循序漸進的方式。

1-4

場景

要吸引觀眾進入他們感興趣的時空，讓他們不想離開，深陷其中

再來，我們回到科學寫作九宮格，來講第一格中的第二個重點：「場景」。

第一格中的熱點講完了，那場景的意思是什麼呢？簡單來說場景就是要讓大家能夠「進入一個故事的時空」。

讓讀者更容易進入的故事

什麼是「進入一個故事的時空」？大家可能都聽過，我們每次講童話故事，開頭都會講「很久很久以前，在遙遠的一個國度，有一個國王怎樣怎樣」，為什麼每次講童話故事都要用這樣的講法呢？其實非常簡單，就是希望大家能夠進入一個場景，進入一個大家可以想像的空間，這個空間可以是我們憑空想出來的，也可以是我們很熟悉的。

場景就是：

⇨ 要引導大家進入故事

⇨ 可以是想像出來的時空

⇨ 可以是大家熟悉的真實時空

舉例來說，如果我們要跟 35 歲到 45 歲的，算是社會中堅分子的人，特別可能是剛當爸爸媽媽的人去溝通的話，我們就要想像「他生活中最重要的場景」是什麼？可能是陪孩子，可能是上班很忙，下班很累，可能是假日不知道要帶孩子去哪裡，可能是平常會喜歡去看電影，平常會喜歡去餐廳跟朋友們聚餐。

跟熱點一樣，上面這些「場景」，是你的目標受眾的目光焦點，看到這些場景，他們覺得熟悉，他們感同身受，他們感興趣，於是這樣的一些場景，我們就可以應用在文章中，用在寫作當中，讓大家願意進入他們感興趣的場景，或是讓大家在熟悉的場景中了解你的專業。

> **用目標受眾感興趣的場景，
> 來吸引他們更容易了解你的專業。**

如何在文章開頭設計場景

場景的應用可能像是下面這樣。

我在文章的一開頭，就跟大家講說，「當我們來到一家餐廳，看著菜單上玲瑯滿目的這些菜肴，你會怎麼選擇呢？」這就是一個場景，

餐廳的這個場景，可能讓上班族想到聚餐的需要，可能讓喜歡探索美食的中產階級感興趣。

然後我就可以開始分析，「面對琳瑯滿目的菜單，人們會如何做出選擇呢？」原來我是要講心理學，而且我的目標受眾就是常常對人生抉擇很焦慮的上班族，但是我利用一個上班族也很感興趣、很熟悉的餐廳場景，吸引他們開始面對自己的選擇焦慮。

也可能我的專業是經濟學，於是透過餐廳點菜場景，我從經濟學解釋如何去做判斷和定價？而我的目標受眾是對理財有興趣的中產階級，餐廳也是他們的興趣，我便利用這樣的場景，引導讀者進入我真正想要傳達的專業領域。

其實我們可以從不同角度去切入場景，甚至是餐廳與生物學，我可以分析這個人在吃到美食的時候會有什麼樣的生理反應？來談論美食對人的科學影響。幾乎任何的場景，都可以找到與你的專業的連結，只要你發揮想像力，這些就是場景的利用方式。

想像目標受眾喜愛的場景

確認你的目標受眾後，我們需要做的就是想像一下，你的目標受眾喜歡什麼場景，可能是生活上的場景，可能是虛擬的場景。

舉例來說，我要針對上班族來傳播專業知識，我先列出上班族幾種不同的工作環境，比如說他可能是在辦公室裡工作的人，可能是時常需要搭飛機出差的人，又可能他是日夜顛倒的工作者，針對各種我們想像與設定出來的工作環境、生活樣態，去設定屬於這些人的不同場景，然後透過先跟你的讀者分享這個場景，再提到你所要分享的故事，再講到你想分享的知識專業。

你要講睡眠的知識，你先從日夜顛倒的工作場景開始聊起，設想一個夜貓族的故事，然後再用你的專業知識分析如何管理作息。這樣你的讀者才容易進入你的專業，或者對你要講的問題感興趣。

> **場景可以是很生活化的，**
> **可以是我們生活當中會發生的。**
> **但也可以創造一些**
> **我們本來是不會進入的場景。**
> **重點是這些場景大家感興趣。**

例如前面說到童話故事當中設定出來的場景，或者我可以假設一個真實存在的，讀者平常不會經歷，可是他們感興趣的場景，像是「你今天在國際太空站，上廁所的時候怎麼辦呢？」這時候就可以讓讀者進入一個太空站的場景，先描述太空站到底是一個什麼樣的時空，當讀者跟著我們一起進入這個場景的時候，他對這個文章的投入，把這個文章讀完的比例就會高很多。

熱點和場景兩個都非常的重要，可以讓我們有效地來掌握讀者他們的注意力，延長讀者他們的投入時間。

1-5

誰？

是誰發明這個知識？誰做了什麼事情？讓讀者信任你的說法

　　接下來要繼續跟大家介紹，專業知識寫作九宮格後面的其他格子，前面講完熱點以及場景，接下來跟大家介紹的是：「誰」，但什麼叫做「誰」呢？

> **這個問題跟這篇文章到底能不能
> 讓讀者感覺到信任有關，
> 而一篇看起來值得信任的文章，
> 更容易被傳播與分享。**

信任的關鍵在於「人」

　　在這邊先問大家一個問題，我們每天看到那麼多的資訊，我們到底要怎麼判斷它的真或假呢？這時候通常我會問自己三個問題：

⇨ **是誰訴說這個知識的？**

⇨ **他用什麼方式得到這個知識？**

⇨ **他為什麼現在要讓我看這個知識？**

第一個問題我要問，這個專業知識到底是誰創造出來的？

第二個問題我要問我自己，他這個人是用什麼樣的方式得到這樣一個專業知識？這個方式當中，能不能合乎我本身的邏輯，我能不能信任這樣的方式？

第三個問題就是，他為什麼此時此刻要讓我看到這個知識？為什麼我現在才看到這個專業知識？他的意圖是什麼？

通常當我沒辦法判斷一個訊息是真是假的時候，我就會用這三個問題，來評斷我到底可不可以信任這樣一個知識，可不可以信任這樣的內容。當然不是每個人都會跟我一樣去問這三個問題，也不是看到每一則知識資訊都得問自己這三個問題。

這三個問題歸結來說，就是一個「到底是誰？」的問題，在文字背後說這個專業知識的人是否值得信賴。

但是，身為一個作者，我們就必須好好的去思考，我們的讀者可能在心裡會問這些問題，就算他不是很主動在問這些問題，心中其實還是抱有疑問，如果疑問沒有獲得解答，他可能覺得這篇文章不值得信任，就不會想要傳播與分享。

所以這就是我們接下來要介紹的第二個格子：「到底是誰？」的問題。

讓讀者了解知識背後的人

剛才講到的關鍵字「誰？」，就是我必須要讓讀者知道，我現在要跟他溝通、說明的這個專業知識，到底是誰提出來的？誰發明出來的？誰推銷出來的？這個「到底是誰」非常的重要！

有時候可能就是作者自己，有時候可能是歷史上或是現今其他的專業人士，例如科學、醫療各個領域的專家所發展出來的專業知識，把這個知識由誰而來說明清楚，非常重要，我必須要讓這些專業人士的名字跟他們的單位，甚至是他們過去所做過的事，在我的文章中清楚呈現出來，增加大家對於這個知識本身的信任。

> **在你的文章中加入一段，**
> **介紹這個專業知識背後的那個人，**
> **可能是發明者、推廣者、實作者，**
> **以及這些人所做的事。**

簡單來說，如果我在文章裡跟你說，這個知識就是來自英國研究怎樣怎樣，這時候你可能會覺得，這個英國研究不知道是哪裡來的研究，好像不太值得信任？可是如果我跟你說英國曼徹斯特大學森林學系的羅伯特教授，他在最近的期刊上發表了一篇文章裡頭講到什麼，這時候，講的夠詳細，提到明確的人與事，讀者會覺得比較值得相信。

如果我們能夠比較仔細的去描寫「誰？」的問題，我們就能夠讓讀者更信任，一方面提高了你的文章信任度，也可以增加你的文章內容。

更進一步，如果我們對於發表或創造這個知識的「人」，有更多的瞭解的話，甚至可以說一下他之前做過什麼樣的事情，來呈現出這個人的確是有那個專業，他的確是有這個資格來講這件事。

這些關於「誰」的描述，都會變成讀者閱讀歷程時自動納入的證據，強化專業知識的可信度，讓讀者覺得的確可以信任這個人，並信任作者現在可以引用這個人的知識來溝通。

很多科學文章、專業知識文章，忽略了這個問題，讀者閱讀時就少了一層信任感，無法更被你的文章吸引而繼續讀下去，所以這也是非常重要的一個環節。

1-6

為什麼？

讓讀者知道這篇文章值得他讀下去，因為能真正解決他的問題

　　剛才我們講完了「誰」的問題，接下來要講「為什麼？」，我們必須在文章中找到，並明確解答讀者的為什麼？而不是只是傳達自己的專業知識而已。

　　這邊我們要講的就是文章必須具備「問題意識」，寫過論文的朋友可能都知道，每篇論文要掌握問題意識，可是問題意識是什麼呢？我們這邊用一些簡單的方式來說明什麼是問題意識。

不只要讓讀者感興趣，更要讓讀者覺得需要

　　我們前面已經講到，我們要利用熱點跟場景來吸引大家的注意力，這時候我們都會下一些非常有趣的標題，標題當中融合熱點，並且在前言當中融合場景，讓大家覺得這篇文章吸引到他們的注意力。

> **但是只讓大家感興趣還不夠，**

> **我們接著下來要讓大家覺得**
> **這篇文章真的是他需要的，**
> **真的對他有用，**
> **真的能解決他長久以來關心的問題。** ,,

　　所以我們接下來要做的就是，根據你的目標受眾，找到他們需要解決的問題，並且用你的專業解開他們心中的最大疑惑，解決他們在意的最終問題。

　　我們可以練習看看，有沒有辦法把想寫的這篇文章歸納為一個簡單的為什麼？

　　你應該聽過像是「10萬個為什麼？」這樣的書籍，就是每一篇文章都很明確地要解答一個問題，對這個問題感興趣、有需要的人，就會想要把這篇文章看完，因為解決問題是有成就感的，是對他有幫助的。

一篇好文章，背後應該都有一個簡單的為什麼

　　換句話說，如果你今天想跟大家分享一個知識，不要只是平鋪直敘地介紹你的知識，而是要找到一個問題，通過「為什麼？」抓住一篇文章的問題意識，讓讀者明確知道這篇文章是他需要的。

　　我們可以通過用「為什麼」開頭，寫出這篇文章的第一個句子，來讓自己知道，也讓讀者知道，這篇文章最核心的問題意識是什麼？跟你的讀者溝通你想幫他們解決什麼難題？

　　而且這會是一個很有用的測試，如果你發現在寫這個「為什麼」的句子時，寫得很不通順，或寫得很長，很有可能就是你的問題意

45

識還不夠清楚，也可能你把太多問題意識寫進文章中。可是這同時也會讓你的讀者產生混亂，導致他們看不懂你的文章。

這時候，你可以把為什麼拆開，分成很多篇文章來寫，每一篇文章都單純的解決一個最核心的為什麼。

又或者，你可能會覺得這篇文章可以有很多個為什麼，你也不想拆開，這時候可以先找到這篇文章那個「最大最終極的問題意識」，在後面則是用其他的小標來鋪陳每一個延伸的為什麼，為了解答這個核心的問題意識，必須透過一個一個知識點的逐步說明，一個一個為什麼逐點解答，最終解決那個最大的問題。

無論是一篇文章解決一個單純的為什麼，或是在一篇文章中，用逐步推進的為什麼，去解答最終的核心問題意識。都是寫一篇知識文章時，一定要注意到的文章架構。

> **你的文章架構**
> **應該用符合邏輯的「為什麼」建立，**
> **吸引讀者不斷讀下去。**

讀者通常被你的「熱點」、「場景」吸引而來，透過「誰」發展出初步信任後，馬上就會想知道：「這篇文章到底對我有沒有用？我是不是值得讀下去？」

在這個階段，讀者決定自己要不要繼續讀這篇文章，身為創作者，我們就必須要能夠讓他知道「為什麼這篇文章是他需要的」。

我們不能只是利用了讀者原本的注意力，利用了讀者原本所關注的熱點，我還必須要讓他知道為什麼他需要獲得這個知識？為什麼這個東西值得他繼續讀下去？

這個知識為什麼讀者需要？

潘昌志 / 震識副總編輯、泛科學專欄作者。

在台灣，我們對地震都不陌生，但談得上熟悉嗎？大地震無法預期、我們也不希望它發生，但當地震來臨，卻又渴求知道更多關於它的知識。「地震」正是一個如此特殊的主題，那麼專注於地震科普的「震識：那些你想知道的震事」又是如何掌握自己知識的熱點跟場景，在平時吸引大家認識地震，在災時做出快速的反應呢？震識的副總編潘昌志（阿樹）經歷過許多熱點事件，例如看似不相關其實可以藉此傳達地震科學研究方法的北韓核彈試爆；另外一次則是你應該記憶猶新的花蓮大地震，在這急難之時更能呈現出科學家的工作倚靠著日常的累積。以下是他提供的三個好建議：

1. 地震事件往往來得又急又快，若想要在短時間內反應、吸引群眾目光，其實也仰賴長期的內容積累。

2. 那在平時沒有事件時又該如何維持談論的熱度呢？震識也同時發展了許多與地震相關的跨域主題，像是歷史中的地震等等，以多元的視角將科學家如何思考「地震」這檔事呈現在大眾面前，也期望如此一來能讓有志投入地震領域研究的人能透過震識對地震研究可以有更多的想像。

3. 連結熱點跟時事的寫作需要平時訓練，可以用下標題的方式做練習，刺激想像力，但不用每一次都要寫出完整的文章。

1-7

怎麼做？

學會透過文章裡的「How」，長期累積讀者對創作者的信任感

接下來我要跟大家講的下一格，就是「怎麼做？」

前面說到作者寫一篇文章要替讀者自問三個問題：「誰 who ？」，「為什麼 why ？」，第三個就是「怎麼做 how ？」。怎麼做？就是這個知識到底是怎麼創造、發現或推演出來的？

尤其這個「怎麼做 how ？」是很多專業知識的文章、科普文章容易忽略的一點，但卻是很重要的一點。

容易被忽略的提升信任感關鍵

為什麼大家在專業知識寫作時，很容易忽略知識產生的過程呢？其實是因為一個專業知識探索的過程，通常是比較繁複的，大部分的作者會在這個部分做很多的省略，甚至不講，有時候我們就會很直接的去調用一些知識的結論，然後直接就告訴讀者，過去某個科學家發現了什麼、現今科學知道什麼是什麼 ...... 但是我們卻很少跟讀者好好

的溝通：為什麼會發現這個東西呢？發現跟發明的過程是什麼呢？

當然，科學寫作的九宮格，並不是每一格都要寫到滿，這是寫作者可以自己決定的。

但是我會非常建議大家，不要過度省略「怎麼做 how」的這個部分，不要省略如何得到這個知識的部分，我們要儘量讓讀者知道，當初發明或當初鑽研出這個知識的人，他們是透過什麼樣的過程來得到這個知識。

為什麼要說清楚這部分呢？因為這可以更進一步強化讀者對這篇文章的信任感，也強化讀者對你個人知識品牌的信任感。

> **文章要有吸引力，也能解決真正問題，**
> **也要讓讀者感到可信任。**

不只讓讀者想看，更要累積讀者對你的信任感

如果我們能將這部分講清楚，讓更多人能夠理解，也讓讀者不只看到你的知識結論，更看到這個知識產生的過程，其實你的讀者會更信任你，他也會從邏輯上去推演，這個知識通過這樣的方式來得到，的確是有可能，而且是有價值的，因為你能夠講得清楚，讀者甚至會認為說，你本身也是有辦法去執行這樣一個知識探索過程的人。

只要在文章中，多用心描述知識產生的過程，就會有效的累積讀者的信任感，而累積信任感，正是經營個人知識品牌非常重要的一個關卡。

如果我們略過這部分，沒有告訴大家如何做到這件事情，其實也會造成我們讀者的思維沒有辦法提升，如果我們希望讀者的思維程度能夠隨著我們文章的閱讀過程持續提升的話，就需要讓我的讀者知道，到底這個知識是通過什麼方式？就是「怎麼做 how ？」 而被發明、發現或推理出來的。

1-8

結果與展望

如何寫出讓讀者信任的，覺得有用的文章結論？

接下來要跟大家繼續介紹專業知識寫作九宮格後面的其他幾格，前面幾個部分，我們從熱點到場景，從誰、問題意識、再到怎麼做，在這個過程當中，我們已經大致上掌握了一篇專業知識普及文章基本的樣貌。

利用前面幾個架構，你的文章也大概快要寫到結論了，所以接著下來我們將告訴大家九宮格中兩個跟結論有關的格子：「結果」、「展望」。

很多時候，我們在跟大家分享的是科學家探索、專業人士探索後的某個知識，這時候，我們不該只是介紹了知識就好，還要告訴大家，這些專家透過這些專業方法，在回答了某個問題意識之後，他最後達到了什麼成果？他最後獲得了什麼發現？其實講簡單一點，也就是他的研究成果。

不過，「研究成果」要介紹得好，其實不是那麼簡單的，必須要注意兩個問題。

正確傳達研究成果的「可能性」

介紹研究成果要掌握的第一個重點，就是必須要正確的傳達「可能性」。

什麼是可能性？許多的專業知識或是科學研究，他們的發現其實來自一個實驗室的環境之下，或者是在某個機率之下，也就是這個事情並不是一定會出現、並非百分之百發生，或是說任何情況都一定會這樣進行。可能有機率、比例，有限制的前提條件，這個研究成果只是告訴我們某個方向或是某種可能性。

我們必須要適當地來讓我的讀者知道，這個研究成果只是一個可能性。

假設一下，今天我看見一個研究消息說吃什麼東西可以抗癌，真正的實驗結果可能告訴我們的只是多攝取這樣東西裡頭的某種元素，在某一個受控制的實驗環境之下，在某個實驗動物的身上，我們觀察到他的腫瘤縮小了。但是很多時候，在一些不夠扎實、不夠精確的科學報導當中，就會變成直接下結論，說吃什麼東西可以治療癌症，吃什麼東西可以不發胖，或吃什麼東西就可以讓你長命百歲。

但是這樣的武斷結論，反而會造成爭議，降低讀者的信任感，這也是造成許多人對科學等專業知識越來越不信任的原因，因為有太多未能正確傳遞「可能性」的內容，在我們的網路、媒體上充斥，我們一定要記住，要如何正確地傳遞這個知識的結果與可能性。

> 你會發現，正確傳達「可能性」時，
> 雖然沒有確定的結論，

> **但讀者反而對你的信任感提高了，**
> **對你經營個人知識品牌反而更有幫助。**"

展望研究成果的「發展用途」

再來，我們要透過研究成果或專業知識真正告訴大家的，其實不是現階段的一個結果而已，其實大家更想要知道，未來展望在哪裡？

延續前面那個假設的抗癌研究，雖然我剛才說的這個研究成果只是一種可能性，我說得很保守，它可能是一個在實驗環境下受控制的一個實驗動物身上的某一個結果，可是大家還是會想知道，既然做這個研究，既然我們瞭解了這個知識，那這個知識可以用來幹嘛？這個信息可以用來幹嘛？

> "**你的讀者會想知道，**
> **這個知識與成果到底可以用來做什麼？**"

畢竟，大多數的人，並不是你這個專業知識領域的人，他們獲得這個知識並不是為了投入專業研究，而是希望可以應用在生活上、應用在人生上。所以，我們要給大家合理的、和他有關的未來展望，告訴大家說，知道這個事情之後，可以拿來幹嘛？科學家或專業人士建議我們可以怎麼樣去改變目前生活？

假設來說，今天科學家發現了睡眠跟減肥有相關性，睡眠不足可能會造成肥胖。這時候，對科學家來說，他可能可以從目前達到的

階段性成果，去做後續的研究。但對一般人來說呢？或許，我們就可以去改善睡眠習慣，來讓減肥目標更容易達到，這個就是所謂的未來展望，讓我們知道我們可以拿這個知識來幹什麼。

不過還是要回歸到剛才講的那一點，我們在傳達結論成果的時候要，都要知道這是一種「可能性」，不可以過度斬釘截鐵，當你看到有些專業寫作過度斬釘截鐵時，反而是需要質疑的喔！

1-9

感受

把情緒融合在文章中，才能激發讀者的下一步行動

接下來要跟大家講的，就是寫作九宮格裡的「感受」。

很多人覺得說這種科學傳播、專業知識分享，是不是都要比較中性，應該要比較中立，盡量追求客觀，所以就不要跟讀者分享我們的感受呢？

其實，我是抱持著相反意見的，就算是客觀的知識寫作，也應該要包含主觀的感受。

不只引誘讀者讀完，更要引發他的行動

> 因為我們之所以想要寫作、想要分享，
> 就是希望讀者在看完這些文章後，
> 能夠產生出一些情緒，

而且，我們還希望這個情緒
可以帶著讀者去做出一些行動。"

前面也有講到一格「為什麼？」就是這篇文章要解決讀者哪個核心問題，既然要解決讀者的問題，就表示我希望透過這篇文章，給讀者帶來一些改變，要改變就必須採取一些行動，那麼，讀者會光是看到問題解決的研究過程，就會想要行動嗎？

這所謂的行動，也不只是讀者去採取改變的行動，也包含要讓讀者願意分享、傳播你這篇文章的行動。

這時候，光是知識的解析，要觸發讀者的行動是有難度的。

所以，我們要給予讀者一個行動的動力，而刺激行動的最佳因子就是情緒。

可以引發讀者行動的情緒鋪陳

那麼讀者會因為哪些情緒來作出行動呢？

可能是他感到興奮、快樂、憤怒，或是感到熱情、感覺生氣，這些情緒就是讀者之所以會進行下一步行動的關鍵。

如果他只是看完一篇文章，但是沒有任何情緒發生的話，其實他也沒有辦法對這文章、對這品牌產生任何感覺，也就很有可能不採取任何行動。

感受是很重要的，那感受到底要怎麼鋪陳？

其實一開始我們從設定熱點講起，就是試圖把感受放進來，用目

標受眾感興趣的熱點，帶起他們的感受。接著，我們開始設定場景，我們帶領讀者進入一個時空，也就是在創造一種感受的氛圍，其實我們就已經在把感受的溝通融合在九宮格的文章架構中。

最後到我們行文的過程，其實所有的用字遣詞都在傳達出一種感受。我們要讓讀者知道誰創造這樣的一個知識，為什麼這個人要這樣做？背後有什麼樣的熱情與動機？而我們撰寫這樣的一篇專業文章，我們如何迫切地希望解決讀者的核心問題？是因為最終我們希望讀者感覺到很有希望嗎？還是覺得很難過？還是要覺得緊張焦慮？這些都是激起行動的動力。

所以，把感受融合在文章中，是非常重要的。你還可以主動鼓勵讀者按讚或收藏、分享這篇文章給需要的朋友；也可以提問讀者一些有趣的延伸問題，請他們回應；也可以扣著文章主題，再用激問或反問的方式，促發讀者講出心中的感覺。

1-10

參考資料與圖片影音

最後要跟大家分享的，是專業知識寫作九宮格最後的兩個格子：「參考資料」、「圖文影音」。一起介紹，是因為這兩格算是補充性的格子，儘管也非常重要。

列出參考資料的幫助是什麼？

第一個補充格子就是「參考資料」。

參考資料？這不是很尋常的東西嗎？大家可千萬要注意，參考資料是讓讀者決定你這篇文章到底值不值得相信的最後一個關鍵。

大部分的時候，我們看到一些科學的報導，或是一些網路文章，通常不會列出參考資料，沒有列出參考資料的時候，讀者都要花比較多的工夫去找到原始的資料來源，才有辦法瞭解原始的資料到底是怎麼說？這篇文章有沒有誤解原始資料？

尤其如果說我們今天面對的是一些比較高階或更有學習動力的讀者，他可能就會想要了解這些資料出處，我們就要提供他們文章裡的引用出處。

> **讓高階讀者願意信任，**
> **是經營個人知識品牌的關鍵環節，**
> **因為高階讀者很有可能會是**
> **最能幫你傳播，幫你擴大影響力的讀者。**

列出參考資料有幾種方式，第一種方式，就是我們通過超連結，在各個段落行句當中直接給大家出處。第二個方式，就是把所有的參考資料都列在文章的末段之後，讓有興趣的人在看完文章之後，可以自己再去查看資料，進一步瞭解更多。

有了參考資料，其實也會讓讀者覺得這個作者非常的貼心，而且非常的開放，非常的坦誠，他敢於讓讀者去檢視他的寫作所應用的資料，代表這個作者也非常的專業。這是非常好的一個方式，可以讓讀者更信任你，也會讓讀者更相信你的專業。

圖片影音多媒體如何應用？

最後一個就是圖文以及其他的多媒體。

我們講到經營個人知識品牌，進行專業知識寫作，通常講的就是在網路上寫作，在網路上傳播。既然我們大部分的寫作就是在網路上發表，那麼多媒體的呈現當然是一個很重要的關鍵，可以用哪些多媒體，又要怎麼運用呢？

我可以在文章中插入圖片、插入影音，不管是 YouTube 還是來自其他的網站，我也可以加入其它的多媒體呈現，例如聲音。但是不

能忘記的是，我們核心的主體還是文字，影音圖片只是搭配。

那為什麼要加入這些？通常圖片影音的目的，並不是在增加這個內容的厚度，不是增加文章的核心知識。在一篇專業知識普及文章中，文字本身可能就是最複雜的部分，已經需要讀者花很多時間去理解了，所以這時候，我們需要插入語音、插入圖片，其實是要讓讀者可以放鬆，以及持續地吸引讀者注意。

回到我們之前一開始講的熱點跟場景，我們必須要讓讀者身歷其境、感同身受，並且饒富興味地去看待你的文章。

所以我的做法是會在每三、四百字左右插入圖片，讓大家的認知負荷能夠稍微減輕，舒緩認知疲乏。當讀者打開看電腦或手機看這種分享專業知識的文章，就算我們寫的再好，寫的再親民，其實對讀者來說還是不太容易一口氣讀完，對讀者的認知負荷是有點大。

可是要把專業解釋清楚，也不得不這樣寫，所以我們要通過文章裡的圖片和影片，給讀者一些放鬆的空檔保持吸引力的節奏。搭配圖片，讀者一段一段看下去，就能把整篇文章讀完。

很多人會問說，一篇文章到底該寫多少字？其實字數真的不是問題，而是編排，如果我們善於利用圖片影音插入到文章當中，就可以讓我的讀者比較輕鬆地讀完全篇的文章。

當然這中間還包括小標、顏色的搭配，這些東西都可以有效的讓文章更容易閱讀，更讓人覺得雖然文章內容知識很豐富，而且文章長度也不短，但是他可以一段一段的來把這文章看完。

以上就是我們的專業知識寫作九宮格，只要掌握這些架構，你就能把自己的專業知識，轉化成讀者看得懂、有興趣、願意傳播分享的熱門文章。

如何在知識文章正確引用資料？

林大利 / 來自森林系，目前於特有生物研究保育中心服務。興趣廣泛，主要研究小鳥、森林和野生動物的棲地。

出門總是帶著書，寫作範圍廣泛、從學術、科普到翻譯都擅長的林大利更是一位龜毛的讀者，對自己的著作也秉持著龜毛的美德；而在知識寫作中也要很龜毛對待的一個環節便是「資料引用」，包含編譯在內的科普寫作，到底在引用資料上要注意哪些事呢？以下是林大利提供的幾個建議：

1. 要注意外電內容的原始來源，分清楚引用資料與延伸閱讀的差別。編譯文章可以把外電當成參考資料，但也一定要把最原始的文獻挖出來，單純只把外電報導放在參考資料是不恰當的，因為它們大多是二手資料；不過外電報導可以當成蒐集資料的來源，以及掌握新資訊的管道。

2. 引用格式對科普寫作來說不是最重要的，只要讓相關領域、或是需要文獻的人知道怎麼查找就好；範圍也不僅限於期刊論文，還有書籍、網站、報章雜誌等等，關鍵是盡量提出出處。這樣的目的是 (1) 為自己撰寫的資訊提出依據 (2) 彰顯研究者的貢獻 (3) 提供讀者進一步的資訊。

3. 文章內可以有自己的觀點，但客觀的事實跟個人的主觀論述要分清楚，讀者才不會混淆，也才更能信任你；主觀的觀點和客觀的研究結果可以明確區分為不同的段落。

知識寫作九宮格與文章架構

....

前面我們完整教你寫作九宮格的每一個關鍵，現在讓我們搭配一篇文章的實際架構，來看每一個格子如何組成一篇文章。

（文章標題與開場）熱點 （文章開場）場景	（文章內文）誰？ （文章邏輯理路與小標題）	（文章內文解釋）怎麼做？	（文章結論）結果 （文章結論）展望	（文章表達方式）感受
（文章補充）參考資料		（文章閱讀節奏）圖片影音		

知識寫作九宮格與用途

·····················

下面，我們再整理另外一份對照表，讓你了解每一個關鍵實際要達成的寫作效果是什麼。你也會發現，一篇好的專業知識寫作，無非就是要能吸引讀者、說服讀者，以及引發讀者行動。

（吸引讀者）熱點 （吸引讀者）場景	（說服讀者）誰？	（說服讀者）怎麼做？	（說服讀者）結果	（引發行動）感受
	（引發行動）為什麼？		（引發行動）展望	
（說服讀者）參考資料		（吸引讀者）圖片影音		

第
・
二
・
章

讓知識
更受歡迎的
五種文類

2-0

不是作家也能套用的
熱門寫作題目

除了論文、報告格式之外，專家也能上手的好讀寫作格式

　　在前面的部分，已經跟大家介紹了專業知識寫作的九宮格，這九宮格的目的，是為了可以很快速的幫助大家架構出一篇文章梗概，並且幫助你把「專業知識」跟「爆紅元素」結合在一起。你只要通過這九宮格裡每一格提出的架構，當作問題那樣來一一回答，把你所要傳播的一些知識重點一個一個填進去，基本上你的文章大致就成型了。

　　從知識寫作九宮格來看，你的一篇文章要有「熱點場景」吸引讀者，要解答「是誰」、「為什麼」、「怎麼做」等問題，在結論時要能結合「可能性」與「發展用途」，全篇文章要引發某種「感受」，並且記得補充「參考資料」、「圖片影音」來強化，這樣一篇文章，就能具備吸引力、說服力和促成行動。

　　但是，仔細想想，在寫成一篇有魅力的文章之前，是不是還少了什麼呢？對於不是寫作高手的專業者們來說，在寫成一篇文章之前，還需要解決的問題就是：

> **如何找到可以寫的題目？**
> **如何有源源不絕的內容題材可以寫？**
> **而且這些題材還是讀者愛看的？**

對於專家來說，說到寫作，似乎想到的就是論文、報告。可是讀者不一定愛看這樣的文章，這樣的文章除了研究用途外，也不一定能夠創造影響力、傳播力。

那麼除了論文、報告外，有沒有哪些「題目」是適合知識品牌來寫的呢？而且這些題目很好上手，甚至可以重複使用，任何專業知識都能搭配，並且最重要的，這些題目很受讀者歡迎，讀者看到這樣的題目都會特別想看？

接下來我們來跟大家講講在科學以及專業知識寫作上面，我們可以應用哪些寫作題目與他們的固定格式？

教學文

第一個受歡迎的寫作題目，就是「教學文」。

什麼叫做教學文？就是把大家所不知道的事情，用一個一個步驟清楚講解，像是一份食譜，有精準的材料比例、製作步驟、火候控制，想做菜的人只要照著食譜做，就能做出八九不離十的相同料理。

尤其如果你的知識關乎到某種可以「實際執行」的行動，那就可以把專業知識用很像操作流程的方式寫出來，甚至加上圖文教學。讓大家了解，通常這樣的知識是要解決什麼實際問題？如果想要解

決問題，就告訴讀者可以怎麼怎麼做到。只要照著我的文章裡的方法這樣做，就能達到什麼樣的可能效果，你也可以在操作步驟中趁機補充一些知識原理讓讀者知道。

例如用醫學、心理學等專業知識，來教讀者如何改善自己的睡眠，從飲食習慣、臥房布置、燈光調整、氣氛營造等等，像是教學文一樣，一步一步讓讀者可以實際去操作，但背後當然有你想要傳達的專業知識在其中。

> **如果你不知道自己的專業知識可以變成什麼文章，但你的知識可以解決某種實際問題，那就可以把知識變成「教學文」。**

通過這樣的方式，你可以很快找到文章的題目，也很容易就能把這篇文章寫出來，因為專業知識你已經有了，你也一定知道要怎麼解決問題（因為你是專家），你只是需要把教學步驟清楚地寫出來，讓大家可以跟著操作而已。

更重要的是，教學文在網路傳播上不僅效果好，在打造個人品牌上更是特別關鍵，一篇篇好的教學文，可以很快累積對你的專業知識感興趣的人，如果實作了有效果，更能很快累積信任你的知識品牌的人。

此外，當讀者看到有人願意把專業知識變成教學文來分享時，讀者也會認為這個專家不是一個象牙塔裡的專家，而是一個有非常多實作經驗的專家，所以才能把知識變成可以操作的步驟，而這也間接地讓讀者認為這個專家的能力更好、學問更好。

如果你的教學文真的很明確地把知識轉化成一個個教學步驟，這些步驟也具體可行，那麼這篇文章也會讓許多人願意去分享，因為大家都想要有所改變，只是就算看再多知識，也不知道怎麼操作，需要有人明確地告訴大家可以怎麼去做。

把專業知識變成教學文，對專家來說是相對簡單的，這樣的教學文效果又很好，非常值得大家試試看。

> **一篇好的教學文，讓人樂意分享，**
> **亦可以累積信任，建立知識品牌的聲譽。**

新知文

第二種受歡迎的寫作題目叫做「新知文」。

顧名思義，新知文就是要告訴大家，在這個專業領域裡，最近發現了什麼？這個知識領域有沒有哪些新的拓展？有哪些很有趣的新東西？或是有哪些新的爭議、討論？

> **人都想追求新鮮有趣的東西，**
> **你就把知識裡的新東西告訴大家。**

就像大家每天都想看看新聞，本質上人們想要獲得自己還不知道的新東西，而且在社群時代，人們還想要比別人更快知道新東西。

這時候，在你的專業知識領域裡，有沒有新出現的研究？新發展

的論點？新發現的現象？你可以跟大家介紹這些新東西，變成你的寫作題目。

透過新知文，除了吸引想要求新的讀者目光外，讀者其實也會感受到你是這個領域真正的專家，你對這個領域的新知識追得很勤奮，而且對這個知識的脈動掌握得很即時，這同樣會增加讀者對你的信任感。

並且如果這個讀者真的開始對你的專業知識有興趣、有需要，他們想獲得新知時，他們就會再回到你的網站或社群帳號，因為他們知道隨時關注這裡，就可以第一時間獲得新知識。

所以，新知文也是我們非常推薦的寫作方式，對專家來說也好上手，就是把你關注與看到的新知識介紹出來，這也是最容易應用九宮格的文章類型。

如何把新知文寫到讓人共感？

Gene Ng / 來自馬來西亞，現居風城，任教於清大生科院。

科學新知內容豐滿，但寫出來卻總是有點骨感嗎？該如何讓自己看到很興奮的新知也能寫到讓人共感？

從科景到泛科學、台大 CASE 科教中心、Inside 硬塞的網路趨勢觀察，專欄多產質精的 Gene Ng，有著豐富的科普寫作經驗與驚人的閱讀量。到底該如何把新知文寫的好吃好玩又有趣？以下是他給要動鍵盤寫新知文的你三個好用的建議：

1. 不是試圖要把枯燥的主題寫得有趣，而是要把你覺得有趣的東西寫得有趣。如果連你自己都不覺得有趣，哪有可能可以成功推坑其他人呢？關於選材也要注意的是，如果沒有底子或是是初學者的話，要避免去碰觸太生硬的主題，因為要寫清楚脈絡是不容易的。

2. 要了解你的目標讀者是誰，他們在意什麼事，並且從他們關心、覺得有趣的事情去跟你要談的主題做連結。

3. 網路閱讀跟書籍差很多，差異不只在內容長度，還有節奏。要在前三段就能引人入勝，不同段落也要再拋出子題或是懸念，拉回讀者的注意力，搭配細節描述產生畫面感，更能在讀者心中留下深刻印象。

翻案文

再來，第三種寫作題目是「翻案文」。

什麼是翻案文呢？我們可以用一個起手式來簡單概括這樣的寫作格式：

> **你以為是怎樣，但其實是這樣！**
> **大家都以為是這樣，**
> **但其實這件事不是這樣！**

這就是翻案，推翻大家原本以為的認知，告訴大家完全不一樣的真相，於是大家會覺得驚奇，也會認可帶給他們更正確知識的你。

這樣子的寫作方式，其實能夠很有效的去吸引許許多多人的目光焦點，並且會獲得非常大的分享量，因為大家都不希望成為「不知道事實真相」的人。而如果我知道真相了，我也會想要分享給別人，一方面讓別人也知道，另一方面證明自己先知道了。

這是一個非常強大的心理誘因，用這樣的起手式來寫作，會讓很多讀者覺得說，這個作者會告訴我一些本來我誤會的事情，或是告訴我一些我的朋友可能誤會的事情，我先知道這個事情，我就可以分享給我的朋友，讓更多人不要再繼續被騙。

翻案文的寫作方式，也是有效推動學習的方式，不只是大家想分享，而是當大家被一種徹底翻轉的知識「點醒」後，更會想要去做出改變。

你可以找找看，在你的專業知識領域中，有沒有大家常常誤會的事情？部分人可能搞錯的事情？你就可以把這樣的謠言、誤傳當作

你的題目，用你的專業知識翻轉他，點破謠言，講出真正的知識，這就是翻案文。

翻案文的基本格式並不難，就是去思考：「大家都以為是怎樣的事情，但其實在專業者看來是這樣。」但翻案文因為要顛覆讀者原本的認知，因此在用字遣詞跟引用資料時也要更加嚴謹，要是弄不好，當讀者已經被你激起高昂的情緒跟好奇心，反而會產生「逆火效應」，也就是讀者不但不認同你要給他的正確觀念，反而更堅定原本的錯誤觀念，可務必要小心。

熱點文

第四種寫作題目就是「熱點文」。

熱點文比較不需要太多的說明，就是把我們寫作九宮格裡的第一點放大，專門針對熱點來撰寫一篇知識文章，你可以參考我在第一章裡所舉例的各種熱點文章。

> **利用熱點來找題目，**
> **也可以讓你的寫作素材源源不絕。**

還記得嗎？我們說過熱點是會不斷重複的，還且社會上會有許多不斷新出現的熱點。因為不斷重複，所以每隔一段時間都可以用類似主題再寫一篇新文章。因為不斷有新熱點，所以你也可以找到很多新題目。

更棒的是，這些熱點已經是大家的目光焦點，所以我們也不用煩

惱這個題目到底受不受歡迎、到底會不會是大家關注的內容了。

大補帖

最後一個要跟大家講的寫作題目是「大補帖」。

大補帖跟前面幾種題目，包含教學文、新知文、翻案文、熱點文有什麼差別呢？所謂的大補帖，就是在你的寫作的時間可能很有限，或說你要寫的知識點很龐大的時候，可以用這種方式，特別適合初學者。

> **大補帖可以讓你用短時間，**
> **把複雜知識變成受歡迎的內容。**
> **而讀者也喜歡這樣可以快速學習的內容。**

為什麼大補帖有這樣的效果呢？大補帖的文章，我相信大家都應該看過，例如「這十種蔬菜要多吃」，又或像「這十個生活小習慣，趕緊學起來」，就是大補帖類型的題目。大補帖就是讓大家感覺到，這是一次滿足大量學習需求的文章，又或是一個完整知識包裹的清單。

大補帖的題目，當然不一定要十點，你要用五點、七點、四點、二十點都可以，關鍵就是要把各種多元小知識，集結在一篇文章當中，讓讀者一次學會。

大補帖跟懶人包不同，後者指得是為了剛開始關注複雜議題的讀者，整理已經太過龐大的討論分支，儘管有時看起來會很類似。大

補帖的好處是你不用每個知識點都解釋得非常清楚，你也不用花很多力氣去想怎麼教學？怎麼翻案？因為你需要的只是「整理起來」的工夫而已，對專家來說，這些工夫說不定在你做研究時已經知道了，你只要列出來，寫得簡單易懂即可。

當你的寫作時間比較有限，你可以先去蒐集關於一個專業領域知識的知識點，然後就把他們列出來，一則 200~300 字即可，加起來一篇大概就有 2000 字囉！這樣的簡短內容當然無法滿足想讀深度內容的讀者，因此除了練筆，比較適合用在輕鬆一點的主題上。

舉例來說，如果今天想要跟大家溝通海洋知識，那我可能就寫「十個關於海洋垃圾，你不知道的事情」，或者「十個你可能誤會鯊魚的事情」，是不是真的只有十個可以寫，當然不是，但只要列出十點，對大家來說就有幫助，就有學習效果，大家也喜歡這類文章。

換個角度，我們也可以運用大補帖的方式，搭配剛才上面講的這四種寫作的方法，包括教學文、新知文、翻案文、熱點文來整合出一篇文章，例如「某某專業領域的五個新發現」、「關於睡眠的十個可行方法」，文章內容可能不那麼連貫，但是每一個知識點並列之後，會給讀者數大就是美的感受，覺得這篇文章很豐富，很多元。

講到這邊，你還覺得自己雖然有專業，但是想不出什麼題目可以寫嗎？

讓我們再回顧一下：

⇨ 你可以利用教學文，讓大家覺得你是一個熱於分享、非常專業的人。

⇨ 你可以利用新知文，讓大家覺得你是一個掌握行業、掌握專業領域脈動的人。

⇨ 你可以利用翻案文，說明你是一個不畏主流權威，敢於說出真相的人。

⇨ 你可以利用熱點文，炫耀一下自己對熱點的掌握。

⇨ 你可以利用大補帖，給讀者份量小、好消化的知識，平常就收集一些簡單的知識點，然後最後整理成為一篇完整的文章。

我們可以通過上面幾種寫作題目與形式的綜合運用，來寫作出各式各樣類型的文章。

第
‧
三
‧
章

如何讓硬知識變 In 知識？

3-1

人的大腦喜歡什麼樣的內容？

人們不自覺的會想要追求兩種東西，
感覺親近的，或是感覺新奇的

　　接下來跟大家聊聊什麼樣的內容才是好內容？或者說，什麼樣的內容才是大家愛看的內容？

　　前面我們已經跟大家介紹過九宮格的寫作格式，以及幾種寫文的類型，在這些方式的綜合運用之下，其實大部分的專家，不需要是作家，也都可以創造出非常非常多種類型的寫作主題。我們已經不愁寫不出內容了。

　　但是，只有寫作主題，只是寫出內容是不夠的，我們必需要知道什麼樣的內容是讓大家想要讀？想要分享？想跟你討論的？

> **也就是我們想要創造出
> 具有傳播效應的好內容。**

人的大腦如何決策？

怎麼找到這樣子的內容呢？其實要回歸到我們的大腦。大腦決定了我們對什麼樣的內容產生什麼樣的反應，從科學的分析，我們就能知道應該為內容加入什麼樣的元素來調味，人們才更想大快朵頤。

從我們出生到現在，人類所做的所有決策，可以說都是因為我們大腦在追逐兩件事情，哪兩件事情呢？第一件事情，就是大腦想要愉悅的情緒起伏，也就是快樂、興奮、被認同。第二件事情，是大腦想要消除那些不愉悅的情緒，像是憤怒、悲傷、不被理解。

大腦想要獲得愉悅，並且消除不愉悅。

我們的大腦就是為了去追求這些愉悅的情緒，同時消除那些不悅的情緒起伏，於是我們做出各式各樣的決定，去追求各式各樣的內容。

並且，這樣的追求，不僅是一種想法，也是一種有科學研究證實的生理機制。

什麼樣的激素讓你想要追求某種東西？

讓我們來認識一下這樣的科學機制，人之所以會存在，並且進行許多反應，就是因為我們有著許許多多的激素，激素刺激我們去做出許多反應。

舉例來說，我們都知道人會分泌「腎上腺素」，腎上腺素是一種什麼樣的激素呢？這是一種在遇到緊急狀況下，人會分泌的一種激素，也就是當那些「急性壓力」產生的時候，我們會分泌這種激素。而大家可能也聽過有一種激素叫做「血清素」，這是一種幸福的激素，它會讓人感覺到輕鬆快樂，像是許多憂鬱症的患者，他們體內的血清素分泌出了問題，所以不是我們跟憂鬱症患者說想開一點，

憂鬱症就會就好了，沒有這麼簡單。因為身體的激素，常常決定了人的反應。

而如果我們可以知道什麼情況下，特定激素會產生什麼影響，我們就可以引起他人的反應，甚至讓他人做出我期待的反應。

大家可能也聽過「多巴胺」這種激素，多巴胺這一種激素非常關鍵，它可以讓人去「想要某件東西」，所以我們人類之所以會產生習慣，或想要去學習不同的事物，或者說開始對某些東西上癮，其實關鍵都在於多巴胺。

> **回到我們的目的，**
> **我們想要讓讀者喜歡我的知識文章，**
> **其實就是要引發讀者**
> **「想要某件東西」的衝動。**

那麼，回到科學的分析，什麼樣的情況之下，會讓我們分泌多巴胺呢？這裡有兩個很關鍵的激素。

一個就是「催產素」。催產素是非常重要的一種激素，女性分泌比較多。「催產素」讓人互相照顧、尋求慰藉跟同情，所以我們常常會認為女性比較具有同理心，社交能力也比較好。有些研究會顯示，父母如果在孩子小時候，多抱著小 baby，小嬰兒也會分泌催產素，這樣的小孩在長大之後，社交能力可能也會更好。

另外一個關鍵的激素是「睪固酮」。睪固酮顧名思義就是一種男生為主的激素，會增加男生的敏感度，會讓人比較具有探索動力、侵略性，與好奇心的一種激素。

乍看之下，「催產素」跟「睪固酮」，其實是有點互斥的，可是好玩的是，這兩種激素卻同樣可以激發「多巴胺」的分泌，也就是激發我們「想要某件東西」的衝動！

講到這邊，大家可能以為我要來上生物課，當然不是！其實我只是要大家理解，為什麼我們會想要去追求某些內容？那是因為我的大腦會自動根據多巴胺的分泌去追尋，所以內容要能夠刺激多巴胺分泌，而多巴胺的分泌與「催產素」跟「睪固酮」的分泌有關，那麼你知道要怎麼刺激讀者的大腦去追求你的內容了嗎？

> **想要追求某件東西，來自兩種刺激，一個是感覺親近，一個是感覺新奇。**

感覺親近、感覺新奇

一個方式是內容可以刺激催產素，像是有關寵物、家庭、日常生活等主題，能夠讓人感覺很親近、很熟悉，當催產素被刺激了，於是多巴胺分泌，我們就想要去追求這個內容。

或者另一個方式是內容可以刺激睪固酮，我們也會去追尋可以刺激睪固酮分泌的內容，像是那些很新奇的、沒看過的、陌生的、很特別的東西。

這兩個概念看起來有點互斥，一個是「親近性」，就是那些很熟悉的。另外一個是「新奇性」，也是我們都很陌生的，沒有接觸過的。不過這兩個東西的的確確就是我們的大腦會去特別注意的東西。

為什麼會這樣呢？大家都知道人類的演化過程，初期可以分為：

狩獵、採集，這是我們最早期的兩種生產模式。負責採集工作的大部分是女性，於是他們必須要擁有能夠找到在環境當中熟悉物品的能力，那些吃過很熟悉的、吃過覺得很好吃的、吃過之後沒有生病的東西，必須要能快速直覺的辨識出來，才能採集到賴以維生的食物。這就是為什麼人類會被親近、熟悉的那些東西所吸引，因為必須要這樣做才能生存下去。

而另外負責狩獵的那些人，大部分是男性，他們就必需要去注意草原上的風吹草動，去注意哪些地方有危險，去注意在尋常的環境之下有什麼不一樣的事情，這樣一來可以避免危險、保護族人，二來透過探索才能開發更多生存下去需要的新資源。所以說，人類的大腦在生存本能下，也會自動的去追尋具有新奇感的內容。

現在我們知道了，從歷史、從科學，可以看到人喜歡有親近性、有新奇感的東西，並且不自覺就想要追求他們，那麼，我們如何在內容上創造出具有這些感覺的東西呢？這就是這一章要跟大家分享的具體方法。

3-2

如何創造親近性元素？

拉近你跟讀者的距離，讓讀者覺得你的知識可以讓人感同身受

那什麼樣的內容是讓人覺得有親切感呢？如果我可以知道刺激親近性的「必要元素」，這時候我就可以把這樣的元素放入我的知識文章中，也就可以通過這幾種方式，讓內容變成讀者感覺親近的，也是讀者想追求的。

時代感

第一種可以創造親近性的元素，就是「時代感」。

先前已經提到，要先認識我們的目標受眾，才能運用受眾喜歡的熱點。同樣的，我們也要瞭解目標群眾，了解他們是屬於哪個時代的？這樣我就能在文章裡運用「屬於他們的時代感元素」，讓我想要觸及的讀者感覺這內容很親近，是他們熟悉的，就更容易刺激他們主動來追求的。

舉例來說，如果是要對五六十歲的人講話，他們的時代努力奮鬥

就有出頭天的機會。可是如果今天你是對二三十歲的人講話，他們的感受可能是努力也沒用，做什麼事情都沒有發展的機會，台灣就是鬼島之類的厭世感。這樣兩群人，擁有不同的時代感，甚至彼此間有很劇烈的差距。這裡不評論時代感本身的好壞，而是說，如果你要觸及哪一類讀者，你就要運用屬於他們的時代感，讓他們感覺親近，而不是用錯了反而被排斥。

所以寫文章前，除了自己的專業知識解釋外，我們也要先瞭解我們的目標群眾，去注意他們所處的那個時代，以及他們心裡頭主要的感受是什麼。

"
並且透過跟他們一致的時代感元素，去觸動他們的感受，有了感受就容易引發行動。
"

所謂的親近感，就是要讓我們的視野，跟我們溝通對象的視野，兩者必須是在同一平面上。這是寫文章時非常非常重要的一點。

身為專家，其實很容易不小心就把自己放在一個制高點，好像你是對著底下的人講話那樣，但這正是違反了時代感，沒辦法產生親近感，於是底下的人就算聽了，也不想幫你分享，不會產生感受。

不要站在一個高臺上，只是對著下面說話。不要像是指導者，想著要教別人怎麼樣怎麼樣。

傳統媒體，因為掌握有限封閉的媒體資源，所以用這種制高點的方式，對台下一堆面孔模糊的角色講話，好像還有用。

但是在新媒體的時代，這一招已經無效，你要知道的是，必須要

用「平視的角度」來跟我們想要溝通的對象講話，他們才會想聽，才會喜歡，才會分享，才會行動。

這時候，我們就可以利用剛才講的時代感，讓你跟你的讀者站在同一個高度來溝通。

心靈雞湯、心靈砒霜

同時，我們也可以利用像是「心靈雞湯」、或是「心靈砒霜」這種方式，來跟我們的目標對象溝通，同樣可以創造內容的親近感。

什麼是心靈雞湯呢？大家可能聽過，也讀過很多，就是那些撫慰人心的內容，看了讓人感動、激勵的內容，這樣的內容可以讓讀者覺得感同身受，讓你的目標讀者覺得你懂他的感受。同樣的，你必須先了解目標受眾，然後在文章裡傳達出「我懂你的感受，我知道你的感覺是什麼」，這樣的同理本身，就能創造撫慰的效果，然後你才開始傳達你想要傳達的知識。例如舉自己遭遇過的例子通常最有效果，也不矯情。

那所謂的心靈砒霜是什麼呢？其實跟心靈雞湯是一體兩面，大家一定也在社群網路看過類似內容。例如你可能注意到 Facebook 上有好多個以「靠北」、「負能量」跟「厭世」為主題的專頁。這些負能量的內容，本質上其實不是要讓你更痛苦，而是要讓你會心一笑、紓解壓力。其實同樣是在跟你的讀者說：「我懂你的感受，我知道你的感覺是什麼」。

心靈雞湯透過「激勵」，而最近更流行的心靈砒霜則是透過「吐槽」來創造跟讀者之間的親近感。雖然他可能吐槽你，但你也可以

吐槽別人、也可以自己吐嘈自己，像是我們看到好多「靠北什麼」的社團，這些社團跟過去的雞湯社團都不一樣，它就是實實在在的批判，或是說很尖酸刻薄的嘲諷，把你生活中會遇到的那些不好事情大聲講出來。但無論哪種方式，其實都會讓讀者覺得自己的感受被同理了，讓讀者覺得這個人很懂我。用你的文字來給讀者一個擁抱，這就是親切感的運用。

> **我懂你的感受，**
> **我知道你的感覺是什麼。**

　所以不管是心靈雞湯或心靈砒霜的方式，其實也都是可以有效地拉近你跟讀者距離感的一種作法。

你、我們、我

　在寫作上的應用，我們還可以利用一些用字遣詞來表達親近性，最簡單的就是利用人稱，像是使用「你」。當文章裡用「你」這個字的時候，就是讓讀者感覺到是在對他講話，雖然透過文字，卻可以拉近陌生人之間的距離。

　或者也可以利用「我們」，「我們」也是拉近文章跟讀者之間距離的一種用字遣詞方式，讓讀者感覺到我們是一樣的、在一起的、共同在思考的。但是要切記，盡量不要用「你們」，「你們」是一種很有距離感的寫法，好像作者自己才是對的，其他人都是異類，讀者也是異類。

那「我」可不可以用呢？用「我」的時候，要注意到這是一個讓讀者更瞭解作者的方式，用「我」的時候就是要分享個人的經驗，然後讓讀者覺得「我」是一個願意對讀者推心置腹，讓讀者知道原來「我」是怎麼想的一個人，這時候內容真誠可信就很重要。

> **「我」想跟「你」說一個屬於「我們」都該知道的知識。**

所以說，善用「你」跟「我們」，偶爾要表達個人經驗時可以用「我」，讓讀者覺得作者跟他非常接近，也就創造了親近感。

另外，善用這三種人稱，還可以讓讀者覺得這篇文章是為讀者所客製化的，這篇文章背後有人在跟讀者打招呼，用很親近的方式在跟讀者講話。這都能有效地建立起讀者跟你之間的關係。

如何寫出吸引人的專業知識文章？

蔡宇哲 / 心理學博士，現為高雄醫學大學心理學系助理教授、台灣應用心理學會副理事長，同時也是〈哇賽心理學〉的創辦者與總編輯。

　　心理學是離人最近的一門學問，很容易吸引人但也常出現一知半解、道聽途說甚至捏造的資訊，常使得心理學知識受到扭曲或造假。哇賽心理學便是用有趣、實用又不偏頗的方式，介紹心理學的研究和相關資訊，而正因為心理學易於面向大眾，才更需要在選題和撰寫時多琢磨與考量。要怎樣才能寫出好吃好玩、看了還想再看讓人印象深刻的文章呢？哇賽心理學的總編輯蔡宇哲老師給大家以下幾個建議：

1. 一開始寫，要找切身相關、符合自己專長與興趣的主題。若找連自己都無法駕馭的內容，會很難寫得引人入勝。

2. 針對不同群體傳播的時候，要使用不同的策略。像是蔡宇哲老師在面向中老年讀者為主的元氣網專欄上寫作時，主題會更與健康議題聯結，研究過程會更簡化，與面向年輕人的哇賽心理學和泛科學不同。

3. 可多結合自己個人經驗，透過生活情境會讓讀者更容易理解想表達的內容。而且一方面傳播知識，一方面透過自我揭露讓讀者對作者印象深刻。

3-3

如何創造新奇性元素？

創造讀者的驚奇，超越他們的預期，讓讀者更想要看你的知識

我們講完親切性，接下來要講新奇性，什麼叫做新奇性呢？

剛才有講到了，我們人的大腦會自動去注意那些沒看過的東西、很陌生的東西，我們想要了解這些東西，因為要確定這些東西到底會不會對我們造成損害？對我們帶來負面的影響？或是如果他是我們潛在的機會、獵物，我到底能不能去掌握？

於是要創造新奇感，就可以用以下幾種方式來寫作。

最

第一種創造新奇性的方式就是寫「最」。

什麼是「最」呢？像是最好的、最爛的、最成功的、最大的、最小的、最新的，各種最怎樣的文章，相信你也在許多熱門社群文章裡，看過類似的標題。

所以我們可以利用「最」，去探討「最怎麼樣」的一種知識。

或者反過來說，去找出我想分享的這個知識裡面，有哪些「最」的角度？例如他能不能夠算是世界之最？或者臺灣之最？或者某地之最？某領域之最？某時代之最？

> **在什麼情況下最怎樣的一種知識。**

所謂的「最」，不一定是要找出世界之最，因為知識裡也沒有那麼多世界之最可以討論。可是，我們可以找出限制條件下的「最」，一樣可以創造讀者的新奇感。這樣就可以讓文章吸引讀者，並且對內容產生好奇，想要知道為什麼「某個東西或某件事」會是「最...」？

唯一的

第二個創造新奇性的方式就是「唯一的」、「稀有的」。

除了世界上唯一的之外，也一樣可是某國家、某時代、某地區、某領域的唯一。或者說，如果這個東西是世界上很稀有的，像是他可能是已經快速消失的物種，或是像歷史遺留的某些很稀少的東西，都具有它的稀有性。

這種稀有的東西就像在大草原上面，只有看到一棵樹，你會特別注意這棵樹，甚至不自覺的想要看向這棵樹，甚至走到樹下去找找有什麼新奇的原因，讓這片大草原只有這棵樹，但卻不會去注意到處都是的草。

這是一個非常好的寫作策略。我們要通過掌握唯一性、稀有性的內容，來吸引讀者的目光。

舉例說，全台灣只有這一個地方可以做到什麼事、世界上唯一的什麼東西，這時候，讀者就會想知道他是什麼、怎麼做出來的、怎麼發現的，於是就會仔細看你的文章，看你想要傳達的知識。

> **在什麼情境下唯一剩下的某種東西。**

透過新奇性，吸引大家目標，讓大家注意到這是什麼內容，並且勾引出好奇心，讓大家真的想知道，你的知識才有可能說服別人。

順序感

再來，創造新奇性還可以掌握「順序感」。

什麼是順序感呢？例如我們都會對源頭跟結尾特別注意，因此我們可以介紹什麼是第一的，也可以反過來談什麼是最後倒數的。

第一的，可能就是時間上最先發生的那些事情，例如第一個成功治癒愛滋的人。最後倒數的，就是時間上最後發生的那些事情、最近的那些事情，例如最後一位登上月球的人。

你可以想想看，你的知識領域歷史中，有哪些最先發生？有哪些最後發生？可以介紹這些知識，並且表達出他的「順序感」，題目就像是第一個到達地球最深處的人、最近一種被發現的靈長目動物等。只要是最前或最後的東西都可以讓大家提高注意力。

> **這是第一個什麼？**
> **那是最後一個什麼？**

你有沒有發現，在創作知識題目時，其實可以從正反兩方面去想，都能想出吸引人的題目，而你的知識一定有正反兩種以上角度的題材。

反常識、反直覺

下一個創造新奇性的寫作技巧是「反常識」、「反直覺」。

什麼是反常識、反直覺呢？就像我們之前在講寫作格式時有講到的翻案文，就是你可以告訴大家，雖然大家都以為是這樣，但其實真相不是這樣。因為這樣的文章，衝擊大家的常識，大家覺得很新奇，不管贊成或反對，都會想要看看，這時候這篇文章就可以從許多的文章當中凸顯出來。

> **這件事情跟你想得完全不一樣。**
> **你以為的都是錯的。**

動態反差

最後一個創造新奇性的寫作方法就是「動態反差」。

什麼是動態反差呢？其實這邊就要利用我們的感官、我們的情緒，例如說我們在寫作上告訴大家，在廣袤的銀河系當中，只有一個什麼，這時候大家會很好奇，在那麼大的一個空間當中，怎麼會只有一個什麼呢？一個極大跟極小的對比，創造了新奇的反差，這就會吸引讀者想要閱讀。又例如你可以寫為何當所有面試者都在緊張皺

眉，只有他笑容滿面，原因是因為心理學上說 .……，情緒表現上的大落差同樣會讓大家好奇為什麼。

你不妨思考看看在自己的專業領域中，可以創造哪些動態反差的題目？例如在全臺灣所有的醫師當中，只有他怎樣怎樣？在古往今來所有的科學家當中，只有他做了什麼事情？透過這樣的反差，吸引注意力。

> **在一個普遍尋常的情況下，描繪一個極端的特殊存在。**

綜合我們前面所講，在文章裡創造親近感以及新奇感，因為這些就是我們大腦想要追逐的內容，這些東西可以激發我們的多巴胺分泌，讓我們想要去學習，讓我們想要分享這些東西。

當你可以創造讀者想要的東西的時候，它就是好的內容，也才能為你的個人知識品牌拉來粉絲，你說對不對？

3-4

創造親近的三個 R，製造新奇的三個 W

好內容要先讓讀者想看、想理解、想分享

　　前面講了很多創造親近性、新奇性的方式，最後還要給大家三個 R、三個 W，來作為補充與延伸。你也可以當作一種口訣，幫你在創作內容時，更容易記住大家愛看的關鍵元素。

創造親近性的三個 R

　　三個 R，也就是創造親近感的三個要訣。

　　第一個 R 就是「Related」，就是相關性。找出你的知識領域中，你想要分享的專業技能裡，有哪些跟你的讀者之間可以建立的相關性，或者說，這到底跟你的讀者有什麼關係？要把有關係的部分具體的呈現出來。

　　第二個 R 就是「Reveal」，就是揭示，去揭示自己的感受，讓讀者感覺到他正在通過這樣的文章更認識你這個人，讓讀者感受到你也有跟他們一樣的感受。

第三個 R 就是「Repeat」，就是重複不停的講、持續發表、讓大家熟悉你。我們在寫作時，包含擴大到經營個人品牌時，除了要掌握我們想要跟大家溝通的關鍵主題、關鍵字外，還要不斷幫讀者溫習論述，同一個知識點可以換方式換套路重複談，讓讀者聽到這主題就想到你，愈聽愈親切，甚至養成習慣。

這就是創造親近感的三個祕訣。

創造新奇性的三個 W

而要創造新奇感，就是可以利用三個 W。

第一個 W 就是「Why」，就是大家的好奇心。人類看到許多的問題時，自然而然就會想問：「到底是為什麼？」我們可以利用這些「為什麼」來設計出我們內容，這些內容在社群媒體上其實非常利於傳播。

大家雖然知道社群媒體上很多那種小貓小狗、天菜正妹的照片，好像大家都很喜歡按讚。但其實久了大家看也看膩了，而且大家本來就對能夠真正解決問題的內容感興趣，只在於你是不是真能回答「為什麼」。尤其最近幾年，大家其實越來越喜歡能夠在社群媒體上，看到一些更有價值的內容，所以說如果你能提供這種回應大家好奇心、回應大家求知慾的內容，會很容易受到大家的支持，建立你的知識品牌。

第二個 W 就是「WTF（What the fuck）」，就是連結讀者的負面情緒。我們剛才講過，當我們遭遇到負面情緒的時候，遭遇到不愉悅的情緒的時候，會想避免這些不愉悅，會想恢復到情緒的平衡狀態，所以說當我們先告訴讀者一些負面的訊息，讓他們有想要恢復

的衝動，而且我又能再同時告訴他們「那你可以怎麼做」來消除這種不愉悅的感覺。

例如說我想告訴大家，海洋當中生物物種消失的速度越來越快，我告訴大家一些實際的數字，告訴大家各種生物遭遇的問題，這些都是讓人產生負面情緒（例如憤怒、惆悵、無力）的因素。而當人們看完這些負面的內容之後，會想要恢復，我可以趁這個時候告訴大家可以怎麼做，而這時候人們就會更願意去做。

WTF，就是要讓讀者感覺到這個事情不對勁，但是要接著告訴讀者如何去消除這種的負面的事情。這樣讀者也會覺得新奇，想要去試試看是不是真的能解決問題。

最後一個 W 就是「Wow」，就是應用人們愉悅的情緒。當人感受到愉悅的情緒的時候，就會想要分享這種快樂情緒、延續這種幸福的感覺。所以說我們要告訴大家，這個事情有多麼棒，傳達出他的偉大，呈現出它的亮眼程度，這時候會讓大家想要分享。

以上的就是我們利用人類大腦追求內容的機制，設計出好內容的製作方法。掌握親近性，掌握新奇性，掌握剛才的三個 R 跟 W，你就能有效的了解讀者到底想要什麼樣的內容，並製作出他們有興趣的內容、他們想要仔細閱讀的內容，以及他們想要分享的內容。

如何把硬知識變成好讀知識？

科學大抖宅 / 小時動漫宅，長大科學宅，故稱大抖宅。物理系博士後研究員。人文社會議題鍵盤鄉民。

　　當想傳播的知識很龐大、很複雜、很落落長時，該如何說清楚、講明白，甚至還能把自己的私心埋藏進去呢？覺得這三個願望很難一次滿足？那你一定是沒看過「阿宅物理」系列（指）！不只有滿滿的宅宅梗，還能讓人不知不覺一點一滴不小心吸收了極為扎實的物理知識、欲罷不能想看下一集的阿宅物理系列，是怎麼煉成的？要建構龐大知識內容時又該如何鋪陳呢？正在偉大的航道上往阿宅王前進的科學大抖宅給也有野心的你以下三顆龍珠 ... 啊不對！是三個建議：

1. 當要處理複雜的主題時，架構跟方向可以用系列的方式去設計，受眾是誰、大概會有幾篇、每篇內容多少、大主題及子題是什麼 ...... 等等是需要先設計的。當開始下筆撰寫單篇文章時，需要注意子題內容和要傳達的最重要的觀念是什麼，也要考慮該怎麼去銜接後面的子題。

2. 複雜的概念要先評估是不是對於目標讀者是有幫助的、有記憶點的，如果沒有一定要出現的話就必須要取捨，如果必要的話就要降低複雜性、簡化內容。可以試著使用譬喻法，例如：用「攻受不可逆」來比喻為何粒子配對順序是重要的，一說便會讓目標的宅圈讀者很容易理解跟記憶。

3. 確定目標受眾是重要的，你必須要從他們能理解的知識水平開始出發，如果對這部分的掌握沒有把握的話，可以讓你預設的一兩位目標群眾先過目，再做內容的調整。

第
·
四
·
章

爆紅
知識文章
的十個
案例套路

4-1

熱點與歷史背後的知識

任何熱點的背後都有歷史背景、社會趨勢，
也就有你可以探索的專業知識

幫助你更快寫出爆紅文章的可模仿實例

接下來要介紹知識寫作的 10 個套路，所謂的套路，就是被反覆驗證有效的寫作主題、格式，而且是可以讓你的專業知識也能直接套用的。

在泛科學中，我們寫過、驗證過許許多多的文章主題、架構，從大量文章的資料庫中，我們也具體歸納出了對於讀者來說，最具有吸引力的寫作套路。在這邊要一次整理，分享給大家，尤其對於專家們來說，如果你一時之間沒辦法自己創造熱門文章主題，那麼照著這些套路做，文章受歡迎的機率就會大增。

我們之前在全書的一開場，講過「知識寫作九宮格」，從題目、寫法、解決什麼問題、如何做結論等角度，幫助大家逐步架構出一篇好讀的科學文章，或是一篇會爆紅的專業知識分享文章。我們後來也介紹過五種受歡迎文類，可以方便大家掌握住對讀者來說最具有吸引力的那些內容。

但是前面都是在講寫作的方法與架構,有沒有「具體可以讓你模仿的實例」呢?

接下來這 10 個套路,正是要提供專家模仿練習的實例。其中有一部分的內容連結了之前的九宮格跟寫作文類,接下來,就由我一一來跟大家講解這幾種套路。

借力使力的熱點

首先我們來介紹的第一個套路就是熱點與歷史背後的科學、專業與知識,其實我們一開始在九宮格當中就強調過熱點,我們在寫作類型當中也再次強調熱點文,因為這確實就是非常好的寫作類型,最容易寫出受歡迎的文章。

熱點與歷史背後的科學,其實講的就是我們要吸引大眾日常生活中的注意力,從大家熟悉的、很注意的那些熱點,順水推舟,轉移到熱點背後的相關專業知識。

尤其對於剛剛開始經營個人知識品牌的專業者來說,你可能尚未創造自己獨特的影響力,你說的話或許大家還不是那麼注意,這時候怎麼辦呢?

> **經營知識品牌初期最好的方法,
> 就是先抓住大家原本注意的東西。**

等大家看向你這邊了,再借力使力,讓大眾的目光也同時看到你想呈現的專業知識。

神力女超人歷史背後的知識

舉例來說，在 2017 年時，有一部很紅的 DC 超級英雄電影《神力女超人》。神力女超人這個角色除了是第一個擁有獨立電影的女性超級英雄，也在先前的《蝙蝠俠大戰超人》電影中率先現身，期待度超高，所以當這部電影要上映時，吸引了很多人的關注，這就是一個目光焦點，也就是熱點。

於是在這個時候，我在泛科學撰寫了一篇文章，從神力女超人角色創作時的歷史背景、創作者心理學家馬斯頓，與該角色創造的科學/科技圈女力覺醒趨勢等談起，標題為：「神力女超人的身材跟能力不科學？那是因為你漏看了她科學的那一面」。

專業知識如何跟電影這樣的商業熱點結合呢？一般的想法會認為，超級英雄電影通常都不科學，神力女超人的身材、能力、壽命等等看起來也是一樣不科學吧？有什麼好談的呢？但其實它還是有專業知識的一面喔！這時候你可以從「熱點的歷史背景、時空環境、社會趨勢」來切入，雖然是一個漫畫與電影虛構的角色，可是背後創作的是真實的人，既然「創作」是真實世界發生的事，那麼這個創作背景一定有可以探討的知識成分。

> **從「熱點的歷史背景、時空環境、社會趨勢」來切入，這就是讓任何熱點都有知識可以分析的方法。**

在〈神力女超人的身材跟能力不科學？那是因為你漏看了她科學的那一面〉這篇文章當中就可以看到，我如何透過神力女超人這一個 DC 漫畫電影當中的知名角色，去挖掘這個虛擬角色背後的真實創作歷程，以及她所代表的時代趨勢，分析這個知識點便構成了一篇新的知識文章。

> 被譯為「神力女超人」的 Wonder Woman（我比較喜歡神奇女俠這個翻譯啦），前凸後翹的身材與高衩低胸長靴的衣著，看起來很「不科學」，甚至因此備受抗議：才上任兩個月，就在 2016/12 失去了聯合國「為女性賦權」榮譽大使一職。單看外型，神力女超人的確容易被當作是為了取悅男性才設計出來的角色。但身為女性超級英雄始祖，比起其他超級英雄，她的誕生故事實在是科學得很，而且可能是同性婚姻釋憲結果公布後的台灣，最該好好認識的角色。

一個熱點代表了一種社會趨勢，你不一定要直接針對熱點的內容作探討，但可以用你的專業知識討論背後的社會現象、歷史脈絡。

> 神力女超人這個 1941 年 12 月出現的角色，最初由雙人組創作者打造。除了畫家 H·G·彼得（Harry G. Peter）以外，真正賦與她靈魂的則是心理學家威廉·莫爾頓·馬斯頓（William Moulton Marston）。馬斯頓是哈佛大學的心理學博士，他發明了用血管收縮壓來測量情緒的方式，後來更發展成測謊機。說到這，不少朋友大概馬上聯想起神力女超人那可以讓人臣服的真言套索了吧！在神力女超人的早期故事中，時常出現她用真言套索在法庭上讓壞人自白。這對馬斯頓彷彿是種替代性滿足，因為現實生活中馬斯頓一直想要推銷測謊機給法院，但不斷失敗。

我利用「神力女超人」這個熱點，探討這部電影、這部漫畫的創作源頭，其實有一個很深刻、很重要的心理學、科學家的故事。（你可以到這裡閱讀完整文章：http://pansci.asia/archives/120501）

月薪嬌妻熱門角色與心理學知識

再舉一個例子，泛科學上有另外一篇非常熱門的文章，題目是：《逃避雖可恥但有用？——心理學解析《月薪嬌妻》》。月薪嬌妻在當時也是非常受歡迎的日劇，我想很多人都跟我一樣非常喜歡。

在月薪嬌妻這部日劇作品中，有一句非常知名的文案是：「逃避雖可恥但有用」。不僅當時播放時引起許多人的共鳴，而且也透過劇中角色深刻呈現了心理學上的「依戀」以及「逃避」的情感。

泛科學的愛戀心理學作者海苔熊當然不會錯過這個熱點，在看完月薪嬌妻前四集之後，結合了裡頭角色的一些行為，跟他們的一些經典臺詞，以他心理學的專業作分析，從而寫作出這樣一篇文章。

> 　　這部片還有一個你所不知道的秘密：所有的角色都是逃避的。
>
> 　　整體來說，美栗看起來是主動的那一個，但實際上她也是透過不斷地逃避到跳痛的幻想裡面，來逃避現實當中那些讓她困窘的情景。根據家庭系統理論（Gilbert，2013；王鑾襄、賈紅鶯，2013），我們都會複製爸媽的行為模式（黃之盈，2016），美栗的行為其實從他爸媽身上也可以看到一些端倪，你看他們不論是搬家、討論重大的事情、往往都會偏離主題、打岔，這樣的能力，也締造了一個喜歡幻想的女兒。不過，如果全家都是這樣就糟糕了，所以幸好女兒某種程度上面，也發

展了務實的能力。

在這部日劇風靡台灣的期間,很多人都在討論戲劇裡的角色關係,模仿他們的台詞,這時候,利用這樣的熱點,趁機傳達你的專業知識,就是最好的知識寫作案例。(你可以到這裡閱讀完整文章:http://pansci.asia/archives/111020)

賽德克巴萊與血型

第一個套路是就是熱點以及歷史背後的科學,結合熱點跟歷史,其實就是能夠讓大家對於你的內容更投入。

但是很多朋友可能會懷疑,每個熱點跟歷史事件背後,都有科學可以挖掘嗎?這個可以跟你保證,只要你想挖,大概都挖得出來,這就是我們泛科學多年來的經驗。

在多年之前,我們也推出過一篇文章叫做:《科學 ‧ 巴萊:霧社事件催生「血型性格說」》。

《賽德克巴萊》是台灣史上最賣座的國片,當年這部國片電影上市的時候,也用了很多方式在行銷,他們設計了一個「某某巴萊」的主題,像是音樂巴萊、歷史巴萊,來推廣這部歷史電影背後的各種內涵。

於是我們就想到,我們是泛科學,那為什麼不能有「科學巴萊」呢?在《賽德克巴萊》這部電影背後會有什麼科學知識可以探討呢?所以我們就根據賽德克巴萊這部電影背後的故事,也就是真實發生

的「霧社事件」去做了資料耙梳，研究這個歷史的各種素材，接著我們就發現，賽德克巴萊、霧社事件描述的歷史背景，和我們現代之所以會有「血型性格說」這樣的說法有關係。

這就是我們在研究一個熱點的歷史背景時，找到的一個跟科學有關的知識點，我們便從這個知識點切入，探討這部熱點電影背後的科學歷史。

> 古川再接再勵，於 1932 年出版的另一篇研究中比較不同族群中的血型分佈差異，包括台灣高山族、愛努族、以及蝦夷族。他之所以要進行這次的調查，其實就是因為霧社事件。日本打敗清朝，在 1895 年簽訂馬關條約接收台灣之後，台灣島民 (包括漢人與原住民) 不斷反抗，而 1930 年 10 月發生的最大一起原住民抗爭 - 霧社事件，跟 1931 年 4 月發生的第二次霧社事件徹底震撼了當時的日本國。

> 古川研究的目的是要先了解台灣原住民的血型分佈跟日本人有何不同，才能「滲透這些最近發起抗爭、行為殘酷的台灣人其種族特徵之根本」。根據調查樣本，猛烈反抗的台灣人中 41.2% 的血型是 O 型，而較為順從的愛努人只有 23.8% 是 O 型，古川因此假設台灣人的反抗意識根植在基因中，得到的結論即是建議日本政府，如果想要有效統治，應該增加日人與台灣人之間的婚配，減少台灣人族群中 O 型血的數量。

當然，血型性格說缺乏科學根據，但卻也是科學上可以討論、反駁的議題，而這樣一個熱點，從歷史背景去挖掘，就可以找到一個切入我們專業知識的入口。（你可以到這裡閱讀完整文章：http://pansci.asia/archives/8036）

4-2

空想科學

假設動漫與電影裡的幻想為真，
那麼在真實世界裡會發生什麼事呢？

　　第二個寫作的套路叫做空想科學，什麼是空想科學呢？

　　《空想科學系列讀本》不知道大家有沒有讀過？是不是喜歡？我
自己是非常喜歡。這系列書籍，是由柳田理科雄這位日本作者寫作
的一系列有趣的科普讀物，他利用日本動漫文化當中的場景、角色，
來跟大家講述科學知識。

　　例如，如果無敵鐵金剛在陸地上行走，那他的駕駛員真的可以坐
得穩嗎？還是會因為巨大機器人走路的震動，而在駕駛艙跌得東倒
西歪呢？如果哥吉拉這個巨大生物從海洋登上陸地，自身的體重會
不會就把自己壓垮了呢？

　　以動漫中不可思議的角色、場景設定，尤其是那些科幻、奇幻的
設定，來闡述「如果用科學角度解析會變得怎麼樣呢？」這就是「空
想科學」。

不是為了批判，而是一種新奇與幽默

用科學談論動漫或各種幻想故事，看起來很有趣，不過要注意的是，當我們從這些文本挖掘出科學議題，並不是為了要吐槽，所以空想科學並非是站在批判的角度，也不是要說動漫或電影根本不科學。

不管是柳田理科雄或是其他領域的知識寫作者，其實我們不是為了批判動漫遊戲等作品在設計上不夠嚴謹、不符合現實，既然是動漫，本來就應該有幻想成分。相對的，反而是因為我們自己也太喜歡這些文本，所以我們會去鑽研，並且從科學的角度來調侃，或是以專業知識來找到其中的幽默之處。

> **所以，空想科學提供給我們一扇寫作窗戶，**
> **也提供讀者一個新鮮視野，**
> **讓我們去思考：**
> **「如果用現實知識來看幻想，**
> **會變得怎樣？」**

原本的動漫、電影可能已經很熱門，我們利用專業知識去做翻轉，不是要去推翻，而是提供大家一個不一樣的、有趣味的想像空間。看看如果這件事情真的發生在現實世界會怎樣呢？

在空想科學讀本中，就提供了我們許許多多這樣的案例。包含科幻動漫的文本，或是說一些架空世界的文本，都可以讓我們以及讀者一起去想像，如果動漫遊戲跟電影中的場景發生在真實世界，那

麼從科學等各種專業知識的角度來看，是有可能的嗎？會發生什麼意想不到的狀況呢？這樣其實可以很有效地讓大家覺得很新奇，也很有趣。還記得嗎？我們前面說過，「新奇性」是讓你的文章吸引人的關鍵要素之一。

一拳超人的物理學公式

例如在泛科學網站上，作者余海峯曾經發表過一拳超人這部動漫的物理學相關文章，題目是：《一拳超人物理學：深不可測的是埼玉還是物理？》。

一拳超人，在漫畫中是一個非常強大的角色，動漫中常常有一些超越現實的打鬥場景。這時候以科學角度來看，就會好奇，他真的有辦法在跟別人對決的時候，一下子從被敵人踢飛到月球上，又從月球上一蹬蹬回地球嗎？如果這件事真的發生，那以科學角度來看，這當中會需要耗掉多少的能量呢？這時候月球會不會因為被主角往後蹬而飛走呢？

雖然漫畫場景是超現實，但假設真的發生，那科學角度來看接著會發生什麼事情呢？這些其實都可以用物理學去計算。

> 波羅斯在戰鬥中段因為被埼玉看不起，就變身成為燃燒自身生命的終極戰鬥模式，把埼玉踢了上月球。相對地月距離約 38 萬公里，地球大氣層厚度只有約 100 公里，即地月距離的 0.02%，因此我們的計算忽略空氣阻力。在動畫之中，埼玉由中招一刻到撞上月球的時間大約為 2 秒，因此埼玉飛上月球的速率約為秒速 19 萬公里，是光速的 63%。嘩，不得鳥。

我們可以使用動能公式來估計一下波羅斯的物理攻擊極限。因為埼玉達到了 63% 光速的高速，已經進入了相對論性領域，牛頓動能公式不再適用，我們需要使用愛因斯坦的相對論性動能公式。目測埼玉身高，我們可以合理地假設他的質量約為 70 公斤。如果只用牛頓動能公式「能量等於質量乘速率平方除 2」的話，埼玉飛向月球的動能就有” (70kg)(190,000,000m/s)2 / 2 = 126 億億焦耳。

　　這是截至 1996 年地球上所有國家所有核測試所釋放的能量總和 60%。

　　雖然我們很認真去看待這個架空的文本，並且在裡面談論了很多物理學公式，但其實來閱讀的讀者，特別是喜歡一拳超人的讀者，都覺得非常的有趣，並不會覺得這篇科學文章很無聊。（你可以到這裡閱讀整篇文章：http://pansci.asia/archives/119540）

異形到底是強大還是脆弱？

　　再舉一個例子，泛科學作者賴奕德也發表過《「異形」的寄生生物學》這樣一篇文章。

　　《異形》這系列電影基本上可以說是家喻戶曉，大家可能覺得，電影裡異形這種生物真的有可能存在嗎？於是我們就請寄生生物學的研究者賴奕德來討論看看，假設在真實的宇宙中真的有異形這樣的生物，會發生什麼事情呢？

> 泛稱為寄生生物的類群裡可以區分出兩大類：寄生生物（Parasite）與擬寄生生物（Parasitoid）。兩者的差別在於，寄生生物在剝削寄主之餘，並不希望寄主死掉，而是希望寄主能夠活的長久，這樣才能有源源不絕的資源可以讓寄生生物繼續剝削。以大家耳熟能詳的蟯蟲、蛔蟲、狗蜱、貓蚤、頭蝨來說，這些寄生蟲無論是住在寄主的體外或體內，也許剝削寄主的血液或者在寄主腸胃食糜裡分一杯羹，總之都只是造成病理症狀但不會直接讓寄主喪命。
>
> 反觀擬寄生生物，則是在剝削寄主之外最終一定會要了寄主的命，當寄主一命嗚呼之後，這擬寄生生物也就不再需要寄主的資源，轉而走自由生活路線。典型的擬寄生生物如各種寄生蜂、寄生蠅等，他們的雌性也許是在麻痺獵物之後帶回巢穴產卵，幼蟲孵化後便將媽媽準備的餐盒——麻痺的獵物——蠶食入肚；或者是直接將卵產在渾然不知大禍臨頭的倒楣鬼獵物身上，等到幼蟲孵化之後便以這倒楣鬼的體液或組織為食，但等到幼蟲化蛹破繭為成體之時，可憐的倒楣鬼也就功成身退，終究一命嗚呼了也。

作者先從真實世界裡真的有類似異形的生物來開場，說明科學角度來看這類生物的繁衍模式如何，接著導回電影的設定，從電影裡的條件去分析出，其實異形看起來雖然很恐怖，但是他的生存模式其實非常不利於繁衍，基本上是很容易滅絕的物種。

透過這樣的方式，讓大家更瞭解生物學這個專業領域的知識，但同時顯得非常有趣，一點也不枯燥乏味。（你可以到這裡閱讀整篇文章：http://pansci.asia/archives/23522）

如何寫出一篇好的空想科學文章？

Rock Sun / 目前就讀台大生物環境系統工程系，勉強說專長是啥大概是水汙染領域，但這或多或少已經不重要了。

在拿著手機抓寶可夢的時候，你有想過養一隻卡蒂狗會讓飼育家破產嗎？又會是只要胡地出現，就會拉低周遭人類的 IQ 嗎？有時我們沈浸在動漫、遊戲場景中，往往會忘記去質疑那些看似無理的問題和設定，但在追究和探究的過程中其實是很饒富趣味的！這也是「空想科學」的魅力所在。你可能覺得「空想科學」很「鏘」很有趣，但卻覺得自己的專業有侷限、腦洞不夠開，而不知道要怎麼下筆嗎？撰寫「科學寶可夢」系列的 Rock Sun 給你以下三個好建議：

1. 重點不是告訴讀者「其實是這樣」，而是要讓讀者知道除了現實世界以外，虛構的世界也是可以發揮好奇心的好地方，而且更可以讓你隨心所欲地去想，目的是讓讀者去習慣問問題。

2. 在空想的世界裡，作者的角色與其說是知識的闡述者其實更像個導遊，帶著大家去解決和思考那些可能從沒想過的問題，也藉此去重新認識我們身處的世界，和找到那個勇於提出問題的自己，並因此對自己感覺更好。

3. 不需要硬塞太多知識，通常在一篇裡頭只提一個核心問題來解決就夠了，剩下的都是解決問題的過程中附加的插曲。

4-3

破解與翻案

找出新聞媒體、社會議題中對知識的誤解，用扎實論據翻案

　　再來跟大家介紹第三個套路，也就是破解與翻案，其實在我們的五種寫作類型中，就提過所謂的翻案文，就是要翻轉大家的常識或謠言，當大家都以為是這樣，就用專業知識告訴大家但其實不是這樣。

　　尤其現在網路、新聞中都有非常多謠言與錯誤的知識，這時候從我們的專業出發，可以寫出許多「破解與翻案」套路的文章。

搭配社會議題的愛滋真相

　　例如泛科學的作者蔣維倫，發表過一篇：《愛滋的恐怖不是病毒，而是惡意解讀的假資訊》。

　　翻案文章有時候也會搭配熱點，那時候因為同志婚姻的合法化問題，所以許多不同陣營有著互相攻擊的言論，這時候，最容易有很多不科學的錯誤資訊在網路上流傳，於是我們的作者就針對這些網路謠言寫了一篇打臉文。

> 事實上，南非和美國麻州在通過婚姻平權法後，每年新增的患者也還是逐年減少的啊！如果真的關心台灣防疫的話，就不應該散佈錯誤的資訊！
>
> 事實一：在南非，婚姻平權法案通過後，愛滋病每年新增患者沒有因此明顯增加。
>
> 從聯合國在 2014 年公佈的資料來看3〔註 2〕，南非在 2006 年 11 月 30 日通過婚姻平權法後，不論是每年新增愛滋感染者的人數、或是南非年輕人感染愛滋的比例變化，皆沒有發生顯著的變化（圖 1、2），因此並不能說南非婚姻平權法的通過直接影響了愛滋病疫情。

這種破解翻案文，通常的格式就是先告訴大家有什麼樣的錯誤資訊，一個一個把錯誤資訊拆解，然後告訴大家其實正確的知識是什麼，並且非常清楚地提供資料和消息來源。

翻案文的格式是簡單的，但寫作起來並不簡單，因為你要說服大家原本想的是錯的，就要有足夠的論據、資料，並且言之成理，這樣子才有辦法有效地消解大家的誤會，讓大多數可能已經看過錯誤內容的人，承認自己的錯誤，並轉向比較正確的知識。（你可以到這裡閱讀整篇文章：http://pansci.asia/archives/114721）

解剖新聞媒體中的各種錯誤知識

例如在我們泛科學網站上，有一個非常受歡迎的專欄叫做「科學新聞解剖室」。

在這個專欄中，由中正大學的黃俊儒教授與團隊成員，一起來針對大眾新聞媒體當中出現的一些不科學的報導，進行各種剖析。

這個專欄的寫作格式也非常有趣，他會把新聞當作一個一個案件，然後給予案件編號，透過解剖員的角度出發，告訴大家他看到這個新聞的時候，他的感覺是什麼？覺得哪裡不對勁？於是他如何抽絲撥繭，從媒體運作、內容呈現與科學知識等各個不同的「面向」，告訴大家這則新聞有哪些問題存在？並且在最後用骷髏頭的方式，告訴讀者，原來這篇文章有幾個骷髏頭？骷髏頭越多代表他做得愈差勁，雖然不是精準的量化，但能讓讀者感到諷刺意味，印象更深刻。

> 案情：愛美是人類的天性，隨著各種美妝保養品的推陳出新，相信一定有人注意到近年來和美容保養品相關的新聞或廣告頻頻出現一些很神奇的科學專有名詞，例如〈幹細胞撫孕紋搶兩岸美麗商機〉這樣的新聞，報導開頭就說：
>
> 「幹細胞保養品」當道，生技業者看好兩岸美容保養品市場，利用幹細胞培養技術開發各類保養聖品，創造幹細胞在醫療領域外的「美麗商機」。
>
> 「幹細胞保養品」這種名號看起來就非常高科技，解剖員不禁回想起過去曾看過的一些與幹細胞相關的保養品廣告，真的是擦得、吃得、敷得一應俱全，隨手一抓就有一堆。
>
> 這些產品扯上幹細胞，看起來有多厲害就有多厲害，彷彿透過這樣的產品，皮膚就能回到最 Q 彈的青春階段，人人都可以擁有吹彈可破肌膚，這麼撼動人心的產品，能不乖乖掏錢嗎？！在醫學的應用上，幹細胞確實有「萬能細胞」之稱，但是轉換到醫美產品的應用之後，仍然有這麼神奇的效果嗎？看到這些頗為誇大的廣告用詞，解剖員自己都懷疑了。

但是要解剖錯誤的新聞，首先我們必須要論據充足，針對錯誤

有詳細的解析，要不然就會流於爭論，甚至自己也犯錯。（你可以到這裡閱讀更多科學新聞解剖室文章：http://pansci.asia/archives/author/scinews）

泛科學作者問答

如何犀利的進行知識翻案？

黃俊儒 / 中正大學通識教育中心教授、「科學傳播教育研究室」工頭。

「一週四次鹽酥雞，年紀輕輕就得大腸癌！？」、「室內曬衣形同慢性自殺！？」、「吐司吃一片致癌物就超標！？」我們常常會從通訊 App 收到五花八門的資訊，但這些訊息到底是真是假？能夠相信嗎？中正大學黃俊儒老師所策劃的「科學新聞解剖室」，整理了在媒體跟社群流傳的具有代表性的科學偽新聞，用「科學判讀力」與「媒體判讀力」兩把解剖刀去認真剖析，是泛科學上最受歡迎的專欄，也已集結出版兩本書。究竟要寫解剖文時，應該要注意什麼事情呢？

1. 要有問題意識，要清楚明白的知道自己寫這篇文章所要回答的問題、要傳達的資訊和目的，並清楚文章的定位。

2. 目的清楚後，也要保有彈性，邊搜集資料會邊發現新的問題，這時候就要做滾動性的修正。當然也要回過頭去檢視蒐集到的資料是否能回答問題，並且將資料做深度的剖析。

3. 要清楚知道訴求對象想知道的事情，所以在撰寫的時候要在主客體之間作切換。內容也要在發散和收斂間拉扯，既要有扎實的知識基礎，也要有可以讓人願意把文章閱讀下去的鉤子。

4-4

一般名人

利用大家對名人的興趣，來解析你想傳達的知識

接著要介紹的這種套路就是「一般名人」。

什麼是一般名人呢？因為後面還有另外一個套路叫做科學名人，所以我這裡先用一般名人來稱呼這樣的寫作範例。

一般名人，舉例來說，就是本書開頭講到的三種通用熱點當中的名人，就是那些大家都知道的人，可能是歷史偉人、政治人物、運動員、明星、網紅等等。

關於林書豪的相關知識

在泛科學上，我們寫過一篇文章標題是：《為什麼 Jeremy Lin(林書豪) 總是跟其他紐約尼克隊隊員撞來撞去、抱來抱去？》。

大家還記得林書豪在 2012 年林來瘋時期，不只是臺灣，更是全球的關注焦點，無論有沒有看 NBA 籃球的人，幾乎都知道了 Jeremy Lin 林書豪這個名字。這時候，我們就可以思考看看，這樣的名人話題，有沒有辦法利用來傳播我們的科學知識呢？

所以我們就去分析林書豪跟隊友互動的方式，他的確很喜歡跟他的隊友做各種擊掌、擁抱、拍屁股舉動，在場上時感覺很親密，彼此間很有同伴的感覺。這其實也是 NBA 籃球場上球員常見的互動，這樣的互動代表什麼呢？背後有沒有科學知識？

更重要的是，一般時候跟大家討論這個問題，大家不一定有興趣。但是如果藉由林書豪來切入這個問題，就算對 NBA 沒有興趣的人，也會想要了解這個知識。

我發現到這個議題的時候，我們團隊就開始去研究相關的科學報告，真的有科學研究說，如果在球隊的比賽過程當中，球員越常出現這種互相擊掌、擁抱行為的話，這樣的球隊有很高的機率球隊的成績會比較好。

> *很久沒有看 NBA 比賽了，這陣子因為看林書豪，才發現一件事：林書豪跟隊友之間的肢體互動非常多，感覺起來比我過去看過的比賽的球員間互動更多！這讓人感覺他跟球隊成員的關係很好，彼此之間都很信任，然而這跟他帶領紐約尼克隊持續連勝是否有關呢？*
>
> *當然，一般在得分、助攻或是罰球時，籃球員通常會用肢體行為，像是擊掌、擊拳、拍背等等方式給隊友打氣，要是更激烈一點，像是今天這場比賽最後 0.5 秒一擊得手，就會看見像上圖這樣抱在一起緊緊相依的畫面…（好男人，不抱嗎？）。*
>
> *身體接觸對於球隊來說是很重要的，能夠傳達出信任與合作的訊息，這在心理學文獻中早就明確指出（例如 Kurzban, 2001; Wieselquist, Rusbult, Foster, & Agnew, 1999）。*

這雖然是個相關性的研究，但是給人非常多的想像空間，所以我們就用林書豪作為一個引子，吸引大家注意，並讓大家同時也可以關注到這個知識。（你可以到這裡閱讀整篇文章：http://pansci.asia/archives/12015）

4-5

專業名人

從專業名人切入，你會發現專業知識也有很多好故事

　　當然，名人有很多種，除了一般名人之外，還有所謂的科學名人、專業名人，這也就是另外一個套路。

　　科學名人（專業名人）講的就是在科學領域，特別是你的專業知識領域當中，有哪些大家都認識，而且非常尊敬的那些名人？

　　他可能已經是歷史上的名人，像是愛因斯坦、牛頓、圖靈等，像這些名人，他們自身在各個領域當中就承載著很多很多的知識，每個人身上都有很多可以討論的知識，而且大家還都會注意他們。

　　那麼，就可以通過介紹這些名人的過往或最新消息（如果還在世），來分享你想傳達的知識，讓大家重新認知到這些名人之所以有名的原因。

　　因為很多人其實都知道這些科學跟專業名人很有名，但真的不瞭解為什麼有名？所以通過介紹科學與專業名人的歷史，可以讓大家了解這些人之所以厲害，原來是厲害在什麼地方。

> **"** *一方面滿足大家對名人的好奇心，*
> *一方面也傳達了專業知識。* **"**

　　例如泛科學作者張瑞棋寫過這樣一篇文章：《超級勵志的天才無限家！印度數學家拉馬努金》。在這篇文章裡，他從引人入勝的數學家故事，讓讀者看到了這個專業領域的某些面貌。

> 　　*1934 年，已經 67 歲的數學大師哈代（G. H. Hardy）面對年輕數學家艾狄胥（Paul Erdős）的提問：「您自認對數學的最大貢獻是什麼？」哈代腦海中浮現的不是任何數學公式或定理，而是一張永難忘懷的面孔，於是他毫不猶豫的回答：「發現拉馬努金！」隨即再補上：「與他的合作是我人生中的一個浪漫的意外。」哈代不禁嘴角上揚，思緒已飄向從前……。*

　　此外，張瑞棋更是泛科學熱門專欄《科學史上的今天》的作者，在泛科學上曾連續連載 366 天科學名人與歷史事件，至今也是網友搜尋與熱衷分享的內容，後來也被出版社邀約出書。（你可以到這裡閱讀整篇文章：http://pansci.asia/archives/98727）

　　不管是一般名人，還是科學名人，我們都可以從我們自身想分享的專業領域去切入，而這也是一個很好利用的寫作套路。一個額外的好處是，當你介紹自身專業領域的那些名人，讀者會更傾向認為你對整個知識領域掌握得非常完整，同時也可以促進你跟同領域人士之間的交流。

4-6

生活必需：食衣住行

讓知識更加容易親近，從每個人的生活必需出發

接下來跟大家繼續介紹，我們在十個寫作套路上的第六個套路，就是「生活必需」。

包括食衣住行育樂，生活相關的知識和科學，最容易引起我們所有人的關注，會覺得這個知識可以用得上。因為大部分的專業知識之所以會讓人覺得有點距離，就是因為感覺知道也沒什麼用，所以生活必需的類別，在我們的寫作套路中也是最受歡迎的套路之一。

還記得嗎？前面解析熱門文章的要素時，我們有提過「親近性」，而從生活必需來切入知識，就創造了對讀者來說的親近性。

如果減肥變成遊戲

這邊舉一篇專業醫藥健康網站 MedPartner 美的好朋友所撰寫的：《減肥的過程漫長又沒有成就感？那就讓減重變成遊戲，成為鬥體重的勇者吧！》文章。

大家知道，坊間有很多專家達人都在教大家減肥，那我們可不可以從各自的專業角度去切入減肥這件事情呢？減肥當然不只是營養師、醫師或是運動專家的專利，不管你是什麼領域的專家，你都可以想到主題去跟減肥這件事情產生連結。

> 大家這麼沈迷於臉書的重要原因，就是它某種程度上給了你很直接的回饋。大家不都會拍了美食照、自拍照，然後趕快刷螢幕，就是要看看有多少人按讚？
>
> 那減肥為什麼會這麼困難？因為缺乏明確、直接的反饋。而且某種程度上，它比考醫學院還難。考醫學院對大多數人來說應該是件不容易的事吧？從你唸高中開始，跟你說三年之後你要考一大堆科目，而且每科都要拿到很高的分數，這東西實在太抽象，太缺乏反饋了。但至少學校會把它拆解成各種週考、月考、模擬考，讓你某種程度上，在考大學這個「任務」過程中多多少少得到一些「反饋」。
>
> 但減肥這件事情，你從不會因為少喝了一杯含糖飲料，或多運動了 20 分鐘，就立即在體重計上看到體重的變化。甚至即使你看到變化，也別高興太早，因為因為人的身體有 60-80% 的水分，喝杯飲料或撒泡尿就可以讓體重上升或下降一公斤了。所以要評估自己體重的變化，真的需要時間。但這只有真的看到明顯的變化時，你才會感受到。在那之前，可能超過 90% 的人都已經自暴自棄了。

因為「減肥」是生活中很多人關心的主題，這就是連結生活必需，並且在大家的生活必需中，展現我們的專業領域知識。（你可以到這裡閱讀整篇文章：http://pansci.asia/archives/119073）

找到你的知識與生活的連結

那除了減肥以外，大家還有想到什麼生活主題可以跟知識連結嗎？

例如說睡眠不足，其實睡眠不足是現代人的一個通病，所以如果有辦法找到你的知識跟睡眠相關的主題，就可以寫成一篇受歡迎的文章。假設你是生物學的背景，能不能從動物生理機制的角度切入睡眠？假設你是物理學的背景，能不能去聊聊枕頭的材質跟受力呢？假如你是化學的背景，能不能去聊聊睡覺的時候要聞什麼樣的氣味會更好呢？可以從各個專業角度去切入睡眠，或者是睡眠品質，這也是非常有趣的。

再舉個例子，像是寵物也是現在人們非常關注的主題，現代人很多都會養寵物，不管是貓派還是狗派，還是兔子派，還是爬蟲類派，看你希望從什麼樣主題切入，不只是動物學家或寵物的專家才可以談，同樣我可以從各個角度去切入，例如我是心理學專家，可不可以談論養寵物對心理健康有無幫助呢？

像是也非常熱門的手機跟社群媒體主題，因為現在手機跟社群媒體高度深入到人們生活中，所以從這個角度出發，你的專業領域也會容易受到大家注目。例如說，很多人說手機讓人越來越焦慮，從心理學如何解釋這件事？用手機去完成一些工作是否可行，從時間管理專業角度如何解釋？智慧型手機與通訊 App 對選舉的影響，從政治學的角度如何看？你可以用各個知識角度去切入這些現代無孔不入科技跟生活的關係。

不過，這邊還是要再回顧一下我的前提：並非所有熱門、有趣的主題對寫作者來說都是好的，重點是這樣的一個主題，和你的目標

群眾之間是否能夠契合，你的目標群眾是誰？是在寫作前首先要確定的事情。

　　當目標群眾不同時，生活必需的主題就會不一樣，你要去尋找跟你的目標群眾高度契合的生活必需主題。

4-7

社會爭議的知識

清楚表達立場，用知識證據說明你的立場

接下來介紹下一個套路，叫做社會爭議。

講到社會爭議，大家可能聯想到要選邊站，甚至會講到火冒三丈的一些主題，但這邊不是要大家去吵架。而是社會爭議本來就會跟科學、跟很多專業知識密切相關。

無論是政治、環保、經濟中的爭議議題，你都會看到許多的專家在社會爭議中扮演一個專業的角色。但是，你可能有時候也發現，很多爭議議題要不是淪於吵架，要不就是專業都講不清楚，所以說這就是專業的溝通問題。

介入爭議，展現你的專業

這時候，如果你想要透過專業去營造個人品牌，並且你知道自己對專業足夠理解，樂於溝通，就可以去介入這些社會爭議議題，去展現自己長處，把專業講清楚。這會是展現自己知識的一個好機會。

> **切入社會爭議，其實也可以有很多方法，不一定就要正面對決，也可以從周邊補充不同角度的知識。**

　像是能源問題這樣的社會爭議，我們之前都會討論台灣到底能不能用核能呢？台灣的再生能源規劃應該怎麼選擇？再生能源如太陽能板、風力發電機的設立會不會影響當地的環境？又或者說新的能源是不是會影響國家財政？我們可以從很多的角度來切入能源議題，他就跟我先前提到的食衣住行生活必需很像，但是它是一個高度爭議性的議題，加上現在許多政策跟科技都在快速變化，大多數的先進國家也都在思考能源議題，提出很多種思考角度，這時候就可以從自己的專業知識領域來發揮。

充分表現立場，而非隱藏立場

　當我們觸及社會爭議的時候要記住，比較好的方式是我們能夠誠懇地把自己的資料與立場呈現出來，而不是隱藏在背後。

　要瞭解，當我們想要通過社會爭議來呈現出專業的時候，某方面我們也已經選定了我們的立場了，這時候不要隱藏立場，反而要充分表現出來。只是另一方面也要記住，就是要有足夠的資料與論據來支持這個立場。

　千萬不要想說你的立場可以討好所有的人，或想採取一個模糊的立場想要討好大部分人，這是不可能的。社會爭議就是要讓個人選擇自己的立場，當然，我們的立場要建基於那些有憑有據的資料之上。這樣子，才可以更加顯出我們的專業。

在泛科學上常常有作者發表觸及社會爭議的文章，像是性別（如同性婚姻）的議題，其中我推薦大家讀讀這篇由作者楊仕音將自己的演講整理而成的：《同性戀的科學，與我血淋淋的親身經驗》。

> 他的第一個問題是：同性性行為自然嗎？什麼是自然、什麼是正常呢？如果我們開始討論自然的定義？發現這樣下去會變成沒完沒了的哲學哲學雞蛋糕，不得不請朱家安老闆出面了，但是幸好，我們兩個都是理工阿宅，所以我就很奸詐地「復述」他的問題：其他物種如果有同性性行為，算是自然嗎？他回：算。
>
> 很好，我就是在等這個答案，接著他就掉到我的陷阱裡了。我跟他說：同性之間的性行為並不罕見，只要異性個體之間在生殖時所表現的互動（比方說求偶、交配）發生在同性個體之間的時候，生物學家就會稱為同性性行為。其實同性性行為存在於自然界的許多動物中，包括哺乳類、爬蟲類、鳥類、兩生類、昆蟲等，大家有看週四泛科動畫日《動物界的多元成家篇》嗎？（考考你：科學家目前發現到有同性情誼的動物至少幾種？）。而某些動物，同性性行為比例不低於異性性行為，像是瓶鼻海豚，雄性個體的性行為，當中有 50% 是發生在同性之間。

你可以看到，文章觸及了一些具社會敏感性的議題，但是因為要呈現自己的專業，所以不是像一般網路上的筆戰那樣，我講我喜歡的，你說你高興的。而是要非常清楚地來告訴大家，為什麼這個事情我會站在這個位子、選擇這個立場，你也可以看到，作者為了讓更多人願意理解，而採取了從個人經歷出發的策略。

最後提醒大家，社會爭議的寫作套路，特別需要比較有經驗的寫作者來掌握，如果你覺得自己還不是太有經驗的人，其實可以先試試看寫作別的主題，之後再來嘗試挑戰社會爭議。（你可以到這裡閱讀完整文章：http://pansci.asia/archives/88407）

如何有啟發的討論爭議議題？

Mr. 柳澤（楊仕音）/ 週間為科普人兼專利人，週末悄悄變身為素人畫家。

在跨性別、同性戀到安樂死等社會上各種充斥著雜音，卻沒有人能給出正解的爭議性議題中，科學有介入的空間嗎？縱然科學知識未必可將「柯南的真相」直接帶到讀者面前，但卻能啟迪更多人參與進一步的討論與思辨。時常從科學角度深入這些爭議性議題的楊仕音，是如何搭起科與普、科與科之間的橋樑呢？如果你也想透過知識寫作討論爭議議題，以下是楊仕音提供的幾個小建議：

1. 以爭議性議題為主題的科普文章所要傳遞的不是明確的答案或終極的解法，而是透過現今已知的科研證據，建立每個公民的科學素養。因此，內容本身未必需要「寫好寫滿」。即使提供專家意見，也應注意科學的地基是否打造得「過」或「不及」，如此一來，才不至於剝奪了讀者獨立思考此議題的能力。

2. 爭議性議題絕大多數是跨領域的，科學雖有一席之地，但往往無法跟政策或法律直接劃上等號。科學只是呈現可能回答這些暫時無解問題的路徑。政治正確或是不正確與現階段的科研證據無關。即使作者心中有既定立場，還是應盡量避免不小心「帶風向」，科學畢竟不該為個人的意識形態服務。

3. 眾說紛紜的爭議性議題乍看之下有時沒有交集，但多半只是觀看的角度或所處的立場不同。此時不妨試著找出各方的重疊處（共通語言與背景知識）破題切入，或是以較為輕鬆幽默等不同型態的寫作方式，吸引立場對立的讀者「願意讀下去」，進而從原本自己不習慣的面向開始思考，這樣的寫作策略往往比引戰或打臉的起手式，更容易「邀請」讀者共同思考這些與我們生活息息相關的議題，促進對話。

4-8

有感創新

讓大家激動但又不偏離真實的知識展望

　　前面的社會爭議套路，不是每個人都能上手。所以接下來介紹的是一個大家都可以嘗試的套路，比起社會爭議來說，這個套路非常歡迎所有初學者，當然寫作一段時間的朋友們也都可以嘗試。這個套路就叫做：有感創新。

　　什麼叫做有感創新呢？

避開「科學情色」文章

　　在科學傳播上，有一種共識是會去避免「科學情色」，這裡講的情色不是真正的情色，而是說把科學講得很誘人但是不真實。意思是他會告訴你未來將會怎樣、有一種神奇的藥物或發明可以大幅改變一切、基因科技如何高速發展、未來會有什麼新科技很厲害之類的，但是，有很多內容其實都只是要刺激我們這些讀者的想像，卻沒有真正可靠的證據、發現、研究。這些科學情色的文章通常不夠

扎實，有時候基於一些還不夠全面的研究，話卻講得很滿，會讓人產生虛假的期望，讓人白高興一場，但又難以檢驗。儘管如此，因為具有新奇感，大家還是很喜歡看。

我們撰寫知識文章、經營個人品牌，雖然也是要利用新奇感，想要寫讓大家愛看的文章，但我們要傳達的仍然是正確、不過分誇大的知識，所以我不鼓勵大家寫科學情色類型的文章。

呈現讓人激動但可靠的想像

這時候，如果真的是想要呈現自己的專業，同時打造自己的專業知識品牌，並且呈現出科學與知識的想像展望的話，我會建議我們就根據「有感創新」這樣的一個套路來寫作。

「有感創新」的套路和前面說的科學情色，中間有一個細微的差別，有感創新要掌握我們在「知識寫作九宮格」當中的幾個關鍵，包含：這是怎麼做的？誰發展出這樣的一個專業？他為什麼現在要讓我獲得這個知識？

通常那些科學情色的文章，都會直接跳到結論，中間會講得不清不楚。但是反過來，如果你可以把中間的過程講清楚、講得夠專業，而且又可以在結論時幫助大多數人對這些未來產生想像，對這些科技產生憧憬，那麼就是有感創新。

一方面你可以滿足許多讀者們對於這個科技未來的想像，也可以讓他們非常關注你的知識。另一方面，也可以借此機會，提昇大家在科學邏輯上的思維。同時讓你能夠帶給讀者更好的願景，又能讓讀者更信任你的專業，找到一個比較好的平衡點。

以數字和數據為基礎

有感創新要注意那些重點呢？最關鍵的重點就是數字。

> **所謂「有感」就是要比之前的典範或產品做得更好，那麼到底會好多少呢？請以數字數據來說明。**

　　所謂的更好到底是多好？不一定是明確的數字，也可以是倍數或比例，這時他就需要有一個比較的基準，例如以前大概是做到這樣，那現在是幾倍？幾十倍？還是幾百倍的？

　　泛科學的作者 Gilver 寫過一篇：《超級抗生素萬古黴素 3.0 問世！效能更勝初代 2.5 萬倍》。

　　從標題就可以看到，作者 Gilver 要講一個未來展望，要讓大家有感，但不是空泛的講，而是直接給大家一個數字。

　　　　為了解決抗藥性的問題，美國克里普斯研究所（*Scripps Research Institute*）的化學家戴爾・博格（*Dale Boger*）與他的研究團隊開始研發萬古黴素的新版本，好讓它可以和末端為 D-ala 和 D-lac 的多肽結合。他們在 2011 年取得初步成果。於此同時，其他團隊也開發出了利用萬古黴素殺死細菌的新戰術：一種替代方法是中斷細胞壁的合成，另一種是在細胞壁上打洞，藉此殺死細菌。

　　　　而在 2017 年 5 月，博格和他的研究團隊研發出了集結三種戰術於一身的新型抗生素－－萬古黴素 3.0。經過測試，萬古黴素 3.0 對抗 VRE 和 VRSA 等細菌的能力至少比初代萬古黴

素強上 *25000* 倍。

　　更令人驚豔的是，新型萬古黴素在對抗細菌演化的持久度似乎比現有抗生素都還要強。大部分的抗生素在細菌繁衍幾代（*round*）之後就會開始失效，但博格等人的實驗中，細菌在繁衍了 *50* 代之後仍無法演化出抗藥性。

　　這篇文章要說超級抗生素的殺菌能力，比之前超過多少多少倍，這個倍數以及他的力量就要呈現給大家看，當然，不能只單純的告訴讀者這些事情，必須要掌握前面給大家的提醒，就是要告訴大家為什麼？有什麼展望？有什麼用？這個比較重要。（你可以到這裡閱讀完整文章：http://pansci.asia/archives/flash/120552）

4-9

性愛剖析

透過大家最關注的性愛主題，傳達你的專業且正確的知識

接下來要告訴大家的下一個套路，就真的跟我前面講的情色有點關係，這個套路就是性愛剖析。

其實性愛剖析這個主題，就跟前面的生活必需套路很接近，大家都知道生活中離不開性與愛，但是為什麼性愛剖析要特別從生活必需拉出來呢？

因為這是一個獨立而且非常大的項目，大家可能也很清楚，在網際網路上最常被搜尋的主題之一就是情色相關的內容。很多的流量都是流到這類網站。當然，我們是做專業知識分享跟普及，不是要去做情色網站。

但是，透過觸及性愛這樣的主題，在性愛剖析中，讓大家瞭解到你的專業知識，吸引大家的注意，並且導正這個議題上的知識，其實也是一個很有用的寫作套路。

不是情色，而是解惑

舉例來說，我們可以去談認識人的身體部位，特別是跟性愛相關的部位。可能很多人不知道女性的陰蒂長什麼樣子，為什麼要存在？有哪些功能？男生身體的這些性器官，他到底是有什麼功能？

還有很多關於性愛相關的迷思，這些迷思通常都是網路上最熱門話題。例如網路謠言說無名指比食指還要長的話，代表這個人性能力比較強，有這樣的研究發現嗎？這中間真的有因果關係嗎？或者說每天自慰，會讓性能力下降，這到底是真是假？

其實關於性，以及相關的許多話題，大家心中都是有很多半信半疑的、不知道真假的疑惑，非常需要專家來幫大家解答。

你可以看看你的專業是什麼領域，因為性愛是個非常大的主題，我想任何一個專業領域基本上都可以跟性愛找出相關的連結。

舉例來說，泛科學作者曾文宣有一篇文章是：《自然界無奇不有的交配儀式》，性愛也不只是限於人類，有些是人類外的，是動物界的性愛，我們有沒有可能透過了解動物界的各種性愛方式，而有所啟發呢？

> 許多動物在兩性所扮演的角色上常常顛覆了我們的認知，而在斑點鬣狗身上更是超越你我的想像。
>
> 比起雄性鬣狗，雌鬣狗的體型較大、侵略性較強，即便是族群中地位最低階的雌性，其位階也比地位最高的雄鬣狗還高。這樣的位階制度十分嚴謹，甚至許多成年雄性都還會懼怕年幼的雌鬣狗。成年後的雌鬣狗會對爸爸比較友善，不會像其他雄性一樣易遭受霸凌。

> 最酷的一點是，雌鬣狗擁有如假包換的「假陰莖」，這種延長的陰蒂同樣可以勃起，而且比起雄鬣狗的陰莖還要長，可達 17 公分。

我們可以透過性愛這個大家關注的主題，讓大家也同時去瞭解其他的動物，所以也不一定就是直接使用性愛這個主題，也可以將它運用為一個比喻、一個媒介。

但是這邊也要特別注意，這個做法特別適合成年人讀者，如果說你的目標讀者通常是年紀比較小的話，可能就不太適合。（你可以到這裡閱讀完整文章：http://pansci.asia/archives/58185）

4-10

針對科學／專業

吸引原本就對專業感興趣，真正會挺你，真正會長久支持你的人

接下來介紹的最後一個套路叫做：針對科學／專業。

什麼是針對科學／專業的主題呢？其實我前面講了許許多多的套路，這些套路大部分都是關於某個知識，擔心一般人不感興趣，所以我們找一個大家會關注的點去切入，讓大家開始對這個知識感興趣。

因為我們有個前提，一開始很多人不關注科學，不關注你的專業知識，所以我們才必須要用各式各樣其他的套路，來連接知識跟這些大家目光焦點。

> **但是最後這個套路：針對科學／專業，**
> **主要的溝通對象就是專業領域裡的人，**
> **與原本對你專業領域就感興趣的讀者。**

首先說服你的專業讀者

我們想觸及的目標讀者，可以是一般大眾，也會是專業讀者，或具有主動性想要認識你這門知識領域的人。

所以針對科學／專業就是反過來，討論自身專業知識領域內的議題。其實還是有不少的人，他就是對於科學成果或專業運作本身有興趣，就是對科學充滿好奇，可是他還沒有你那麼懂，這些人對你來說，其實是一個非常重要的族群。所以我們也要設計一個套路來滿足這些族群。

而且這些原本就對你專業有興趣的人，更容易被你的專業說服，並且更容易因為你的專業表現相信你，也會更主動加入你的行列，會是你經營個人品牌過程中關鍵的助力。

直接吸引對這個專業有興趣的人過來

泛科學網站上，就有一系列文章在告訴大家某某科系到底在做什麼？例如森林系在做什麼？生科系在做什麼？心理系在做什麼？大家念過大學應該也對這些科系多少有印象，知道這些科系的存在，可是這些科系的學生到底在學什麼？畢業了之後通常會往哪些職業走？裡面的學生和老師到底在幹什麼呢？結果有沒有可能跟我們想像的不一樣？

於是，我們就直接針對這個科系真實在做什麼，做了一系列介紹，看起來讀者範圍很侷限，卻可以很明確地吸引這些人來關注。

所以，我們可以針對科學／專業的一個主題，直接告訴大家這個專業裡面在做什麼。

其他大多數人對專業內幕也有興趣

除了專業中的人，大家會對這樣的主題有興趣嗎？其實，還真的會有興趣。因為大家可能對於這些專業是什麼還一知半解、有一點印象，平常沒有機會有領域裡面的人來跟大家講這裡面在做什麼，這時候，有人現身說法，就可以吸引到很大一批人的關注。

簡單來說，如果你是某個領域的專業人士，你也可以想想看，可不可以先寫一篇文章來跟大家講你的專業到底是做什麼？你是工程師那你到底每天在做什麼？你在這個組織、公司、團隊、或計畫裡頭到底在負責什麼？其實從這裡開始，就可以吸引到很大一批人的關注。

有時候，我們在做知識傳播，也可以針對知識傳播本身來進行討論。例如泛科學本身就是做科學傳播的組織，我們就會在文章中檢討各種科學傳播的做法到底對不對，例如我們會檢討打臉文，這樣子真的有助於看到這些文章的人去糾正他們的想法嗎？還是他們會因為被打臉了，而更抗拒科學呢？

你身為一個作者，可以去想想看，有沒有辦法直接去跟讀者溝通你的專業，去問讀者自己該怎麼做得更好？或是問讀者他們對其他專業知識分享者的觀察，他們哪些作法值得自己學習？透過這樣的方式，讓讀者成為你的老師。

這些主題這些內容當然沒辦法吸引到很大一批人，但是他們可以吸引到真正懂你的人，真正關注你的專業的人。

以上就是 10 個爆紅知識文章的寫作套路，可以幫助你找到真正的讀者，提供給大家做參考。

第
·
五
·
章

如何精準
推廣內容，
建立品牌認同？

5-1

幫你傳播內容的三個關鍵角色

專業知識內容的傳播不一定要靠花俏行銷技巧，
而是要依靠關鍵推廣者

在前面幾個章節，我們總結了泛科學上的各種知識文章，尤其是爆紅知識文章背後的寫作方法，從架構、選題，到案例套路的分析，就算身為專業工作者的你原本不熟悉寫作，也可以把自己的專業知識，寫成受大家歡迎的文章。

但是，一篇有潛力大受歡迎的知識文章，不代表必然就會廣為傳播。在網路社群化的時代，專業工作者必須改被動為主動，利用正確的行銷技巧，幫已經變得有趣的內容，獲得更多目標讀者的青睞。

不過你也不用擔心，這不是要請你變成一名網紅（除非你想要），也不是要讓你拋棄自己的專業，更不是要你花很多時間去搞懂社群行銷。對於專業工作者來說，學會如何推廣內容就跟學習寫作架構一樣，依然有一些簡單、具體可行的作法，可以幫助你快速上手。

接下來這個部分，就讓我來跟大家聊聊，寫好文章之後該如何推廣出去？

好內容，更需要好的推廣者

如果是在 30 年前，有人要來教你如何擴散自己寫的專業知識文章，讓更多人認識你，他可能建議的方式就是要你寫完之後，投稿到大媒體，例如當時的報紙、雜誌專欄，看看大媒體的編輯部願不願意刊登你的文章。

不過，我們現在的媒體環境已經完全不一樣，所以我們要講的，是更適合現在這種新媒體傳播環境的一些內容行銷方式。

傳統的媒體環境像一座金字塔，訊息就從金字塔的塔尖往下傳播，一層一層地越傳越廣，但是真正掌握傳播管道的，僅限於幾個把持金字塔塔尖區位的大媒體，這個區位中的人非常非常少，卻掌握了非常非常強大且關鍵的傳播管道。在那個年代，如果你要傳播你的文章，可能要花很多時間去投稿，說不定還要建立媒體組織裡頭的人脈，更加花費時間。

> **可是現在完全不一樣了，每一個有智慧型手機的人，每一個可以連上網的人，基本上都具有跟 30 年前這些大媒體同等，甚至更強大的傳播能力。**

在新的媒體環境裡，專業工作者如果想要傳播自己的內容，不一定要透過大媒體。我們不用把自己的目光侷限於去跟傳媒編輯記者們打交道，也不一定要仰賴裡頭的人來幫我們推廣，我們真正要找的是下面三種網路社群化時代的重要推廣人。哪三種人呢？就讓我一一道來。

連結者

第一種人叫做連結者，連結者是什麼樣的人呢？

舉個例子來說好了，你的身邊有沒有、或者你自己是不是那種喜歡揪團行動、呼朋引伴的人呢？你是不是喜歡去邀約大家一起開團購的人呢？你是不是會去臉書成立一個社團，然後邀集親朋好友一起加入的人呢？你是不是會在某個論壇開版，然後召集興趣一致的朋友，一起在上面討論議題的人呢？

如果是這樣的話，你就是屬於「連結者」。

所謂的連結者，他的特色是人脈非常豐沛，而且很喜歡主動去連接不同的人，把人湊在一起。他或許不是一個特定主題上最專業的，但是他有熱情，更有行動力，願意主動把這個領域的人聚集在一起。這樣的一個角色，很喜歡認識人，而且他通常跟每個人彼此間的關係都還不錯，不管是在線上也好，線下也好，這些人都有上述這些特質。

「連結者」的優點在於他認識很多特定領域內的相關人士，比大多數人更清楚這個領域裡的人在做些什麼，有時甚至還能跨多個領域。如果你跟「連結者」聊天，這些人通常可能會跟你 ：「那個誰正在做這樣的事情，如果你要做這個計畫，要不要去跟他聊聊？」「你在做的事情蠻有趣的，我有個朋友現在在做什麼，你們要不要合作一下？」一些更積極的連結者甚至會主動觀察你的狀態、找你討論，來試圖連結你跟其他人。

傳統媒體金字塔模式已經崩解，而這些具有高度主動性的連接者，在當今的知識網路化傳播環境裡，是非常重要的節點。他們某個程度取代了傳統金字塔頂端的大媒體角色，彼此之間的溝通方式更扁

平快捷，對特定知識領域更有感情也更深入，而且對你來說更容易觸及。

當我們開始試著將自己的文章傳播出去時，必須要先瞭解這些節點的位置在哪裡，並主動發出訊息給這些節點。

> **"" 連結者們已經幫你把相關的人聚集在一起，於是你可以透過連結者，去觸及目標領域內的那一群人。 ""**

假設你現在已經完成了第一篇覺得寫得還蠻不錯的文章，到底該推給誰看呢？當然就是這些節點，所以你要先找到相關主題的連結者們。

連結者可能是某個社團的團長，也可能是 PTT 上討論版的版主，這些人其實都可以協助你把訊息傳播出去，即使他沒有辦法幫你，他也可以告訴你其實可以跟誰聊聊，可以把訊息給誰看看，這些人的意見都是非常關鍵的。

在網際網路上，我們必須先找到這些節點，這些節點才有辦法幫你把訊息傳播得更遠。但如果你身邊沒有這種人怎麼辦？沒關係，到網際網路上去搜尋就好，通常社團、討論版的開團、開版人，或是現任的版主、團長就是連結者的角色，你務必要嘗試跟他們接觸。

不用我多說，網際網路有個非常方便的功能就是搜尋，所以我們可以透過簡單的關鍵字搜尋找到這些社團或討論版，舉例來說你可以在 Google、Facebook、或在 LINE 裡頭搜尋，應該很容易找到你的目標族群會聚集的討論版或社團，不管是以興趣、地區、或身份

來區分，這些討論版其實預先就已經聚集了一群人，比起亂槍打鳥，把訊息直接傳到他們的眼前更有效率，所以我們可傳訊息給版主、團長，請他們先看看我們寫的內容如何，以及是否願意考慮一下，幫忙分享到社群裡，或經過同意後，由我們自行發布，其實就是擴散內容最有效的方式。

當然，這也要看你自己想要觸及哪個社群？要觸及什麼樣的人？不是最熱門的社團對你來說就最好，優先考量的還是你的目標讀者與你的專業領域。不妨先利用關鍵字搜尋進到不同社群，潛水一陣子，看一下那個社群的活躍程度與規模大小，很快你就可以知道到底該接觸誰。

專家

第二種協助你傳播內容的角色，就是所謂的專家。

專家跟前面介紹的連結者有一個很顯著的差別，專家其實不太主動去連結，因為專家其實很忙，本書剛開始提過，包括正在讀這本書的你在內，只要是專家都可能會掉入專業的詛咒，不過專家的角色還是非常重要的，尤其少數有影響力的專家，他們的特色是只要發言必然備受關注，取得很多人的信任。他們是關鍵意見領袖 (Key Opinion Leader)，在你所屬或打算進入的領域當中大多人都知道他，並且會關注他的信息。

其實，專家也可以說是已經利用他的研究、他的內容發表、他的個人知識品牌經營，而成功建立影響力的人，也就是這本書希望幫助各位成為的那種人。

> **在你的領域，一定有些已經建立知識影響力的專家。我們要找的，就是先我們一步，已經建立知識品牌的他們。**

不是每一個專家都是我們要連結的對象。事實上大部分的專家，在社群媒體上不一定有影響力，或在網路上並不活躍，那就不是我們要找的人。我們要找的專家，是既夠專業，在社群媒體上或各種傳播管道上也有非常多關注者的那些。很有可能，就是你的模範學習對象。

同時擁有這些特性的，才是我們要找的專家。這些專家可以幫你擴散內容，並且觸及你的目標讀者群。

如果有位專家，雖然專業能力很強，但是比較孤僻，不太跟外界接觸的話，那就不是你要找的人。並不是他不好，而是不適合我們要對外傳播的目標。

同樣的，我們一樣要考量目標讀者。一個挑選重點就是，這位專家是否在你的知識領域中。不是隨便找個專家就好，只有真正跟你的專業知識有關的專家，才能幫你有效地擴散內容。

例如說你是一個財經專家，你想要透過自己的財經專業來打造個人品牌，那這時候你要找的，就是另外一位財經專家，並且是一位已經在社群上有影響力的財經專家，如果他能夠來幫你背書、幫你宣傳，就對建立讀者對你文章的信任感很有幫助。

因為在這個領域當中，你才剛起步，剛開始透過寫作來讓更多人

認識自己，可是絕大多數人並不知道，也不一定信任你。如果在這個領域中受人信任的專家能推薦，或是非常厲害、富有盛名的專家願意分享你寫的文章，看到的人自然就會更信任你的內容，或是好奇為什麼你的內容被推薦。

記得，不要把這些已經成名的專家當成你的競爭對手，而是要當成學習的典範。態度要正向、大方，不然很容易掉入「專業相輕」的陷阱，反而錯失進步的機會。

> **社群上有影響力的專家，**
> **不只可以幫你傳播內容，**
> **還會增加讀者對你的信任感、好奇心。**

網際網路與社群媒體的好處，就是我們一樣很容易就可以找到這些人，不管通過他們的臉書個人帳號、粉絲專頁，或是透過 Email，要聯絡上這些人其實不難，所以當你寫好一篇文章，當然也要聯繫這些專家，把你完成的好內容提供給他們，請他們過目，提供你一些意見，如果可以的話，也可直接請他們幫你分享、推廣。

專家，就是另外一種你該主動接觸的重要推廣人。但也記得，因為專家很忙，所以當你傳訊息給他請求幫忙前，請再次檢查你寫好的文字內容，別浪費機會喔！

推銷員

第三種可以協助推廣你內容的人，就是所謂的「推銷員」。推銷

員這種角色跟前面介紹的兩種角色有較大的差異。

前面我們說到的「連結者」，通常是在一個特定主題社群中扮演召集與創建社群的角色。而「專家」也是在特定領域內的意見領袖。可是「推銷員」不一樣，推銷員不屬於你本身所屬的專業領域，他可能沒有特定領域，或屬於別的領域，而且還跟你的領域距離蠻遠。

可是推銷員有個特色：他們特別喜歡嘗試新的東西，大家也喜歡看他嘗試新東西的過程與感想，他是各種新知識、新產品的早期採用者。

大家可能學過，在創新擴散理論 (Theory of Diffusion of Innovations) 中，一開始先有創新者 (Innovators)，也就是創造產品的人，然後是早期採用者 (Early Adopters)，然後再來是早期大眾 (Early Majority)，最後才逐步推廣到後期大眾 (Late Majority) 以及落後者 (Laggards)，一個創新產品或知識通常這樣一個階段接著一個階段傳播下來。

> **所以你會發現，一個新產品、新知識**
> **要獲得大家的喜愛，首先要先獲得**
> **早期採用者的喜愛。**
> **要不然之後的傳播路徑就斷掉了。**

如果一個產品或一個點子，甚至包括你現在要推廣出去的一篇知識文章，最後要被大家所接受，你身為創作者，接下來要找到的就是「早期採用者」，也就是我指的推銷員。

推銷員是很重要的一批早期採用者，他們可能不一定了解你正在

做的事情，不一定了解你的專業，甚至可能對你擁有的知識也沒有什麼興趣，可是他就是喜歡嘗試新的東西。只要跟這些人說，你有一個新的東西，一個新的點子，一篇新的文章，想請他們幫我看一看，或說你有一個新的部落格、新的粉絲專頁想請他們關注一下，如果真的有創意、也搭上了熱點跟場景，他們會覺得有興趣。

而如果這些推銷員 / 早期採用者發現了你的好，他們很有可能主動積極地幫你推廣出去，成為你的知識、文章、產品被領域外大眾認識，並快速擴散的轉捩點。

這些推銷員，很多都是以部落客的身份遊走在網際網路上。早期的部落客多為科技技客社群互相交流，或是為了草根媒體理想而創作的媒體人，後來更是百花齊放，現在很多部落客其實與商業界有非常緊密的聯結，許多人也可能同時是某領域的連結者與專家，協助許許多多新的商家、品牌，把有趣的、創新的產品訊息傳得更遠。

許多部落客正扮演了推銷員的角色，他們樂於嘗試新的東西，然後告訴大家他們嘗試的過程，以及他們體驗後的心得是什麼。呈現的型態不只是文字或攝影，有許多人正朝影音轉型，成為 影音部落客或 Youtuber。

同樣的，你也可以把你的知識文章當作是一個產品，邀請他們來「試用」。他們閱讀的過程，以及他們閱讀的心得，都可能成為他們在臉書、部落格、Youtube 上的新內容。

如何找到三種知識擴散關鍵人物？

以上三種人，沒有人可以給你一張完整的名單，因為每個人的專

業領域都不一樣，你必須自己去找到你需要的這三種人。不過不用灰心，因為這個名單是可以長期逐步累積的。

我在剛開始經營泛科學的時候，是個沒沒無聞、毫無資源的網站，當時我們尚未建立自己的知識品牌，有好文章但是沒有人知道，於是我選擇厚臉皮不害臊地，主動把自己寫的與網站上其他作者提供的知識文章，傳給很多連結者、專家、推銷員，請他們閱讀，請他們幫我們分享，或是給我們指教、告訴我們怎麼改善，如何做得更好。

這些傳播路徑上的關鍵人物，不只在擴散我們的內容上有極大幫助，幫我們觸及目標讀者，他們給的反饋，加上幫我們傳播分享的力道，就讓這樣一個新生的知識媒體得以在初期獲得非常強的關注，而更多的關注帶來正向的循環，讓我知道後續該寫什麼、該找哪些人聊聊合作。

> **要傳播專業知識，**
> **你不一定要用很花俏的行銷手法，**
> **反而更該注重傳播的深度，**
> **而這三種人非常適合**
> **幫你打開深度傳播的大門。**

而經過多年努力，現在泛科學已經長大了，成為一個具有規模的知識網站與企業，當我們自己變成一個關鍵傳播節點後，很多人也主動希望來跟泛科學合作，借由泛科學來把他們的內容傳播得更遠，我們當然也樂意扮演連結者、專家與推銷員。相信有一天，你自己也會成為這樣的角色，所以這是相輔相成的。

特別要提醒大家注意的是，除了要累積這三種人的名單跟聯絡方式以外，我們在接觸這三種人的時候，不要把羞恥心揹負在自己身上！而是要把好奇心找回來。如果你想建立知識品牌、發揮知識影響力，一定要勇敢，別害羞，把自己做出來的內容分享給這些人，不要憂心他們可能會讓你吃閉門羹，或者根本就不理不回應，事實上，就算這些人不理你又如何呢？

> **傳播之道無他，別怕幾次的溝通失敗，**
> **而是要盡可能持續地去觸及、**
> **聯繫這些連結者、專家與推銷員，**
> **只要一兩次的成功，**
> **就可以幫助你建立有效的讀者群。**

其實，社群媒體為什麼叫做社群呢？就是要嘗試透過人與人之間的連結，讓這些人願意來協助我們，也讓我們可以去協助他人，要不然社群媒體就沒有意義了！

社群媒體就是要透過人與人的互動來發揮效應，所以我們要主動去接觸這些人，就算他們沒有回應又如何？我們持之以恆，再找別人來幫忙，這並不是需要花大錢的事情，頂多就是花我們一點時間，以及付出我們滿滿的誠意。相信這兩個條件你都不缺。

以上，就是在推廣你的專業知識內容時，必要的三種關鍵角色。

5-2

不只借勢，更要善用反饋來造勢

讓你的讀者參與進知識內容創作中，鼓動大家一起來

透過前面的三類重要推廣者，我的專業內容開始被看到，開始有讀者進來閱讀了。這時候，我們要思考的就是如何留下這些讀者？如何讓這些讀者可以幫我們吸引更多讀者呢？接下來這個部分要介紹的，就是要利用文章發表之後收集到的反饋，來繼續擴散知識內容的影響力。

你的專業內容，與使用者的反饋內容

說到反饋，其實網路界有個專有名詞，就叫做 UGC（ User Generated Content ），也就是由使用者生產出來的內容。

而相對的，專業媒體組織，或專業內容生產者創作的內容，就被稱為 PGC （ Professional Generated Content ）。

UGC 的 USER 是什麼意思呢？就是像 YouTube、Facebook 上，或許許多多新興的內容平台上面由使用者所產製的內容。這些平台

一開始上頭都是一般使用者上傳的內容，當然，現在這些平台已經普及化，不管是專業人士或是非專業人士，都利用這些平台來製作跟發布內容，但儘管專業製作的內容品質較高，在這些平台上面大部分的內容，還是非專業人士生產出來的。

這些由非專業人士／一般使用者生產的內容，就叫做 UGC。

那 UGC 跟反饋有什麼關係呢？看起來 UGC 似乎跟我們的品牌營造目標或知識內容是沒有什麼關係的，因為你通常不是想要架一個像是 Youtube 或 Facebook 這樣的內容創造平台，也不是想要邀請大家來創作內容。

但是，當我們把知識內容分享出去之後，就會收集到讀者的反饋，這些反饋來自於使用者的創作，其實也都是 UGC。

> **如果要成功建立個人知識品牌，**
> **只靠自己生產內容是不夠的，**
> **還要善用使用者幫你生產的反饋內容。**

從借勢，到造勢

談到反饋，就得回過頭來說說行銷上的兩個關鍵：「造勢」與「借勢」，而反饋與造勢有非常重要的關聯。

我們之前在介紹知識寫作九宮格的時候，提到要利用熱點，如名人、節慶、流行文化等，這其實就是所謂的「借勢」。一開始，讀

者對我們的知識文章不一定有興趣，所以要借助大家有興趣的主題，來吸引大家的目光，這就是「借勢」，就是說我們要借用這些熱點、借用這些場景、借用大家所關注的主題。

那到了現在這個階段，文章已經寫好了，讀者被吸引進來了，這時候我們就要來「造勢」，從借勢到造勢，讓進來閱讀的讀者覺得我打造的空間很棒、很有吸引力，想要一直留下來互動。

造勢是什麼意思？

我們可以想像一下，假設我們現在在辦演唱會，你就是在舞台上表演的樂團主唱，什麼時候台下的觀眾會最嗨？想像一下，然後我們揭曉答案。

其實就是當你把台下的觀眾拉上舞台，或是你自己跳下舞台加入群眾的時候，台下的觀眾會最嗨，這是為什麼呢？就是因為你打破了舞台跟觀眾的界線，讓觀眾參與進你的表演，這個時候，表演內容由你與群眾共創。於是台下的觀眾就會很有參與感。

當我們開始寫作，在自己的網站或粉絲頁發表文章的時候，其實我們就像是在舞台上表演的樂團，如果我們想要造勢，就要時不時地來打破表演者跟觀眾之間的隔閡，讓台下的觀眾覺得你注意到他們，感覺你跟他們在一起，並且讓大家加入你的表演（像是「跟我一起拍手！」），這時候會讓大家很嗨，而且會讓大家想要一來再來，甚至找朋友一起來。

> **你的造勢不一定是要辦行銷活動，也可以透過知識內容的反饋本身，來創造你與讀者間的緊密連結氣勢。**

所以我們有哪些情況可以造勢？可以用哪些方法造勢呢？這邊向大家介紹四種情況。

用「批評與建議」造勢

第一種可以用來造勢的反饋，就是批評跟建議。

有時候我們寫好一篇文章，特別是講求專業的知識文章，卻不敢發表出去。因為這種文章其實也很容易引來批評，很多朋友沒辦法踏出建立個人品牌的第一步，就是因為擔心這些批評。

事實上，批評跟建議一直都有，在網路上我們看過很多的筆戰，互相批來批去，不過在這邊我要強調跟重視的批評與建議，是那些真的對你有意義的，而不是那些言不及義，或是完全跟你文章主題無關的批評。

如果是跟你寫作的主題完全沒有關係的批評，真的不用太費心思理會。例如說，你今天寫一篇關於無人車科技的主題，結果下面有人留言罵東罵西、扯其他議題，那就跟你沒有什麼關係。你不用覺得煩惱，也不一定要回應這些批評。

你可以這樣來判斷批評與建議是不是你可以利用的回饋：這則回應，到底跟你的主題是不是有關係？如果有，你就可以判斷這是一個有效的批評或是建議。

> **當你收到這些有效的批評跟建議，**
> **無論你認同，還是不認同，**

165

其實這都是造勢的好機會。 "

在你認同的情況，這則批評就在於讓你知道文章還可以怎麼樣寫得更好？還有哪些地方寫的不夠精確？例如讀者提醒你某個資料過時了要更正，提醒你某個論點可以補充什麼論述或資料，你都應該好好利用這些讀者反饋給你的待改善之處。

但不僅如此，這些正向的批評建議，不只是可以幫助你改善文章，你還應該利用這個時刻來造勢。

這個時候該怎麼做呢？我們可以「公開讚賞」這些批評。所謂公開讚賞，就是公開分享這些對我們有意義的批評和建議，我們必須要把這些提出批評和建議的讀者拉到舞台上，讓大家看到他們，讓他們跟我們一起表演。把給我們批評跟建議的人，拉到舞台上，就像你在舞台上表演時，看到台下有一位跳得正高興，叫的最大聲，螢光棒揮舞得最熱烈的觀眾，把他拉上舞台。

為什麼？因為他最愛你。

願意給你的知識文章批評跟建議的，也是最愛你的讀者，當大多數讀者都還沉默時，這些人已經把文章認真看完，而且還願意花時間留反饋給你，那麼這時候一定要給予正面的獎勵，我們除了要把他拉到台上，我們還要讓所有關注你跟你的文章的朋友、社群，都知道你是鼓勵與支持這樣的行為的。

同時我們還可以邀請這些讀者，請他們把自己的批評跟建議寫成更完整的論述，或是讓我們附在原本的文章下。如果我因讀者反饋而修改了原本的文章，我可以標註說明這是因為「在什麼時候」「哪一位網友」「在哪裡」給我的反饋意見，所以我做了如此的修改！事實上，這樣的動作對於你的讀者群來說，是一個非常好的正面鼓

勵。

還有一個方式，就是我們可以整理一段時間收集到的批評與建議，然後發布成文章，告訴大家這是你這段時間收到的批評跟建議，然後說明你如何去回應這些批評跟建議，這可以讓你的讀者感到，你是一個願意接受意見，態度開放，行事透明的專業人士，是一個非常好的造勢方式。

> **就像當觀眾躍上舞台參與表演時一樣，**
> **邀請批評你的讀者一起來創造內容，**
> **會讓你的社群也一起興奮起來。**

這是第一種情況，我們要來利用這樣的正面批評與建議。

用「問題」造勢

第二種可以用來造勢的反饋，就是問題。

剛才討論的第一個情況是批評或建議，第二個情況是「問問題的讀者」，他們可能是看完你寫的文章厚，產生疑惑，覺得好像有些還不太清楚的地方，或者他看完文章後來想要追問一些問題，那這時候怎麼辦呢？你要不要回應他呢？

其實，這看似是個很單純的問題，但值得我們來細細思量，考慮清楚要如何去回應這些提問。

因為，你是一位專業領域的工作者，不是負責搞社群的小編，你

的主要工作佔據你大部分時間，應該不會有很多的空檔來回應網友的問題，尤其若你的寫作越來越成功，讀者增加，網友的問題也隨之增加的時候，更會問自己到底是不是要準備這麼多時間，一個一個去回應讀者問題呢？說不定你還可能會覺得說，你的專業也是有價值的，難道就讓網友一直來問問題，然後就一直免費的回答嗎？

我們寫專業知識文章，那是為了打造個人品牌，是我們自願去寫，但是如果別人一直來問我們問題，我們就被迫一直回，而如果不回，又擔心讓這些問題的人失望，跟社群關係處的不好，那不就是很浪費時間與精神的一件事情嗎？這說不定也是很多專業工作者對經營個人品牌卻步的原因。

這時候，如果是你，可以怎麼處理問題回應呢？有些人會選擇一一回應所有問題，有些人選擇就是不回答問題。

> **但或許我們可以換個角度想，**
> **你不只是在回答問題，**
> **因為這些問題也都是非常好用的造勢素材。**

怎麼說呢？通常這些讀者傳來的問題，有可能也是許許多多其他讀者的問題，只是其他讀者還沒這麼愛你、信任你，所以還沒開口問出他們心中的問題而已。這時候不如把這個問題公開，把回答變成一篇新的文章，或是補充到原本的文章中，讓大家都能看到，解答大家沒問出口的疑惑。其他沒問出這個問題的讀者還會覺得，你真是了解他們。

所以，我們可以把收到的問題這樣處理：假設他是私訊問你，假設他是寫 email 問你，你可以把這些問題在去除個人隱私資料後，

整理好，放在你的文章裡面，然後告訴大家你的文章有更新，因為有很多人來問你問題，所以你把這問題的更新都放在文章當中，也鼓勵大家去回頭重新看之前的文章。

> **這是個非常好的造勢策略，**
> **讓那些沒敢開口問出同樣問題的讀者**
> **也一起嗨起來，**
> **又同時讓你的文章的生命力是永續的。**

新媒體和舊媒體最大的差異是什麼呢？其實當然不是有沒有上網，也不是影音或是多媒體，這些技術都跟新舊無關，最重要也最不同的是「互動性」，以及在互動下內容生命的延續性、傳播力。

所謂的舊媒體，就是把東西印出來或是發表出去之後，這則訊息的生命就到達極限了，一切結束了，創作內容的人要去尋找新的題材、創作別的內容了。但是新媒體的特別之處，就是在於內容發表出去之後，它的生命才剛剛開始，我們要使勁讓內容的生命可以持續、延長。

> **如果你的一篇文章可以持續保有生命力，**
> **這樣你不就是能花更少的時間，**
> **不必忙著寫新文章，**
> **卻維持了知識品牌的活絡熱度嗎？**

所以當讀者提出問題的時候，就是在協助我們延續既有內容的生命！但他如果是拿自己的私密情況來問你，例如律師可以能會收到一些家庭糾紛問題，醫生可能會收到關於個人疾病的問題，心理師可能會收到身心狀況的問題，這時你雖然僅能給他一些資訊，或建議他找專家處理。但你也可以適度把這些問題公開出來，當然發表前要除去隱私的資料。把這些問題做妥善的分類與回答，或是像建立 FAQ，告訴大家你遇到這些問題會如何來回應？

　　甚至你也可以在還沒有時間回答問題的時候，先整理好，然後直接問你的社群。例如你可以將常見問題發到粉絲頁上面說：「最近常常有人問我這樣的問題，大家覺得如何呢？大家的意見是什麼？」事實上你的社群很有可能就有人跳出來，可以直接幫你回答。

　　這時候，你可以再把你覺得社群回答得不錯的答案，在徵求對方的同意之後，把它放到你的網站上面去，再給他獎勵，告訴他，你感謝他幫你回答了另外這位讀者的問題。這樣一來，你有新內容，又能回答問題，不就兩全其美嗎？

　　如果你覺得，讀者提的問題有點大，可以延伸出去變成一篇新的文章，那不是更好嗎？你就不用花時間再去想新的文章，也不用因為有新的問題，要趕快回應而有壓力，不要覺得問題不回會不會怎樣，而是要建立一個處理的模式，並讓讀者知道你的作法。要記住，這些提問題的人都是我們的友軍，都是我們最好的夥伴，我們要好好的利用這些問題。

　　這就是讓你的社群保持活力，同時又可以讓你的內容源源不斷產生的方式，所以「問題」是值得好好利用的。

　　這也就是前面所說的，把你的讀者拉上舞台，打破讀者跟你的隔閡，會讓你的讀者跟你一起搖擺！

用「共同策展」造勢

再來，第三種可以用來造勢的情況，就是所謂的共同策展。

共同策展是什麼意思？其實在網路上，大家都是很平等的，我們可以邀請網友們一起來做一些事情，不要覺得只有你可以寫內容而已。舉例來說，在泛科學的網站上，我們就邀請我們的網友來告訴我們，他們覺得臺灣還有哪些值得造訪的科學網站，我們便把這些網站整理起來，放到我們網站上的科學資源列表，一方面提供大家更多的視野，一方面也跟其他科學網站建立良好關係。

你可能會納悶，為什麼泛科學要做這件事情呢？這樣不是把流量送給競爭對手嗎？因為我們的出發點，就是希望更多人能夠更快速、更簡單地找到好的科學內容，泛科學沒辦法自己做所有的事情，所以我們當然要利用我們的傳播能力，介紹我們的讀者去發現更多好的科學內容。

另外我們還有一個網頁叫做「科事曆」，上頭告訴大家，台灣哪些地方將舉辦有趣的科學活動，就像是全台灣科學相關活動的行事曆，因為很多人覺得臺灣各地好像很多科學活動，可是不知道在什麼時候發生？在什麼地點舉辦？資訊太散亂讓人容易錯過，所以我們就做了這樣一個網頁，即將舉辦科學活動的單位，不管是學校、博物館、或是個人，都可以把資訊登錄上來，這也是一種共同策展。

> 這樣一來，我們一方面邀請讀者
> 來共同策展，最後甚至可以
> 跟更多相關網站與知識品牌一起共同策展。

我們還開發了一個匯集討論的功能，在突發事件或是社會爭議事件發生的時候，我們編輯跟網友可以一起把網路上各家媒體評論或重要的個人意見收集在一起，然後讓大家自行評比哪一個意見比較有見地，是否夠科學。我們時常透過這樣的方式，跟我們的讀者一起整理一個議題。

例如之前發生的台大論文造假事件中，我們就建立了這樣一個頁面，把各個相關人士所發表的言論，整理在網頁上，讓大家可以看懂來龍去脈。有點像懶人包，但這些內容其實是由網友自行提供的！網友可以透過頁面上的輸入框，告訴我們，為什麼他覺得這樣一篇文章、這樣一則討論值得我們關注，值得納進這一事件的所屬頁面上面。

最後在讀者的協力之下，我們完成了這樣的事件整理，這就是所謂的共同策展。

你可以看到，共同策展就是更直接地把讀者拉上舞台，邀請他們一起來表演，創造一起完成某件事的氛圍。

用「邀請創作」造勢

最後，第四種可以利用來造勢的情況，就是邀請創作。

共同策展跟邀請創作，其實是比較接近的。他們都是屬於主動出擊，主動邀請我們的社群與讀者，來跟我們一起做事情、一起創造內容的方式。

不過，邀請創作跟共同策展還是有些差別，邀請創作是我們希望讀者真正跟我一起來寫東西，因為我們的知識內容主要就是透過書

寫。這時候我們要設計一些特殊格式，讓社群可以跨過較低的門檻來跟我們一起寫作。

例如我們前面提到的「提出問題」，同樣的，你不一定要等讀者來問你，你也可以自己主動拋出問題，例如你可以主動的詢問讀者：「如果遇到這種情況的話，那你會怎麼辦？」「我覺得我想要這樣做，大家覺得意見如何？」

我們可以主動拋出問題，不管是非題、選擇題、填空題，大家都可以試試看。邀請創作，不一定就是要請讀者跟你一起寫一篇完整的文章，而是要去刺激讀者生產更多的反饋，短的反饋也可以。像是是非、選擇、填空等這樣的題型比較簡單，大家回應起來也比較沒負擔，但創造出來的回應數量也會比較多。

我們就可以從最簡單的問題開始，例如你可以問一下大家，你的粉絲頁的封面圖要換了，你有兩個選擇，這一張或是那一張，大家覺得哪一張比較好呢？透過這樣的方式，去創造你跟社群的互動，是一個很好的開始。正常來說，你會收集到很多 UGC 的內容，也就是使用者反饋給你的內容，這些內容都可以有再利用的機會。

當然，不是每一位讀者都會提供反饋。事實上，就算我們用上先前介紹過的各種方法，反饋的使用者還是少數，但可能是從 1/1000 提升到 50 /1000，這就是很大的進展了。更重要的是，原本的旁觀者也會感受到討論的熱度，而漸漸轉變態度，這就是我們要的。

以上，就是四種再利用社群與讀者反饋的方式，並用這些反饋來造勢，提供給大家參考。

5-3

專業工作者造勢時
切記兩個關鍵詞

專業工作者可以用專業方式創造的行銷活動

　　接下來要跟大家介紹當你開始利用使用者反饋時，要記住的兩個關鍵詞。第一個關鍵詞就是「公共財」，第二個則是「犯錯」。

／ 打造「公共財」

　　公共財的概念，簡單來說就是打造出來之後，大家都可以利用的。

　　舉例來說，公園就是一種公共財，馬路也是一種公共財，或許有人或組織擁有某些馬路，但是大家都可以用馬路。通常，會需要像是政府或是慈善公益組織這樣的單位，才會比較願意去創造公共財。

　　那公共財在我們寫作與打造個人品牌的過程中扮演什麼樣的角色呢？其實，公共財就是大家都需要，可是平常是沒有人願意主動去做的事情、去整理提供的資料。

> **所以，因為沒有人做，我們就可以透過**

提供公共財的方式來行銷造勢。"

當你有專業知識想要分享，如果你只是一味地分享自己的專業知識的話，會顯得太過單調，你必須要讓自己有部分內容變得具有公共財的屬性。

這跟前面提到的使用者反饋有關係，透過我們前面講到的邀請創作、共同策展等方式，你可以把內容變成更具有公共財的屬性。

舉例來說，像是邀請使用者一起建立常見問題資料庫，或去請你的讀者一起盤點既有的網路資源，不管你是哪個專業領域，你都可以想想：如果有些資料被好好的整理出來，會不會對大家都比較方便？

這件事情若實現，不是只對你有幫助，也不是只對你的讀者有幫助，而是對大家都有意義，甚至是對你的競爭對手都有意義。試著去找出這些事情，打造這樣的公共財。

" 你愈願意去提供這樣的公共財，
在你的讀者社群心目當中，
你就是一個更值得信任的角色，
幫助你的知識品牌有效的造勢。"

第一個關鍵詞，就是公共財。去找到那些對所有人都有幫助的，即使那些是對對手有幫助的，都沒關係，你可以邀請讀者一起來建立，整理出這樣的公共財，並且把他們分享出來。

那要怎麼找到適合的切入點呢？盡量朝「串連整理」、「協助聚集」的方向去想，大家缺的不是你去犧牲自己、奉獻給大家，而是

要有人帶頭把事情啟動、讓每個人都能參與，最後把任務完成。

╱ 「犯錯」是件好事

第二個關鍵詞就是犯錯。

犯錯？為什麼要犯錯呢？對做專業知識傳播的我們來說，最要不得的不就是犯錯嗎？當然，這樣講也沒錯，我們盡量不要犯錯，但是我們也必須承認，我們一定都會犯錯。

那麼犯錯的時候，我們該怎麼辦？千萬要有一個正確的心態，就是犯錯是件好事。

犯錯是件好事？犯錯怎麼會是好事呢？其實應該說，我們在知道要避免犯錯，而且願意用各種方式來避免犯錯的情況之下，我們也要心知肚明，我們總會犯錯，這時候的犯錯，其實可以變成一件用來造勢的好事。

> **當我們已經夠認真避免，**
> **但還是免不了犯錯的時候，**
> **就代表我們獲得一個機會**
> **來跟我們的社群進行一場深入溝通。**

社群可能會發現你的錯誤、你的競爭對手可能會發現你的錯誤、一些陌生鄉民、酸民或路人可能會發現你的錯誤，當他們發現你犯錯時，他們可能會告訴你、會批評你、會調侃你，但總歸來說，他

們總會更有動力用各種方式讓你知道他們的存在。

也就是說，這個錯誤，現在變成一個讓大家把目光投注到你身上的機會。

為什麼犯錯是個好機會呢？因為這就是一個讓大家看你、讓大家跟你產生互動的時機，很多時候我們在經營社群，或者說想要把我們的內容傳得更遠的時候，最在乎的就是「沒有人跟我互動」。尤其很多專業的知識，因為實在太高深，有時候讀者會覺得互動真的很難，或是當你的形象實在太高冷，感覺不容易對話，但是當你犯錯時，這些隔閡會被打破，其實就是創造大量互動的最好機會！

千萬記得，不是故意去犯錯，刻意搞負面事件行銷，而是在認真製作內容的情況之下，我們還是會犯錯，但我們要接受犯錯這件事情，並且把我們的犯錯視為一個好機會。犯錯之後，盡快坦承自己的錯誤，盡快修改。讓大家知道，你未來寫作以及跟讀者互動過程當中，會如何去避免這些錯誤，對這時看著我的許許多多人展現我的態度、提供我的解決方法。

> **犯錯時，大家都看著你，正是你用來
> 證明自己夠專業、可被信任、可溝通。
> 這是建立品牌形象最好時刻。**

你要利用犯錯的機會，讓大家知道你是一個能夠從錯誤學習，能夠自我改善的「成長」品牌，這件事情是非常非常重要的，唯有如此，犯錯才可以是一次造勢的機會。

兩個關鍵詞，一個是公共財、一個是犯錯，請大家牢牢記住了。

第 · 六 · 章

建立個人
知識品牌的
策略與方法

6-1

打造知識品牌的三個階段

經營個人知識品牌並不難，只要搞懂三個不同時期的三個關鍵策略

　　我們要打造一個全新知識品牌，除了要有好的知識內容，懂得傳播單篇的知識文章之外，也要從戰略上對「整個品牌」有所布局、有所策略。如何讓品牌被更多人看到？如何讓品牌建立影響力？如何持續經營一個品牌？這都是有步驟、有順序的。

　　如果我們把建立個人知識品牌當作創業，那麼這個經營的過程可以分成三個，分別是前期、中期、後期階段，下面就讓我來一一為大家解析每個階段不同的關鍵策略。

第一階段：在熱門平台做最小可行性測試

　　可能有些創業圈的朋友會知道，在剛剛開始創業的時候，最好在規模還小時，也就是在創業的初期階段，就先來驗證自己的點子到底可不可行？到底能不能受到市場歡迎？目標顧客群對核心產品的反應到底如何？

在創業或建立品牌初期的過程當中，切記不要一下子把事情搞得太複雜，不要一下子就想推出一個完美、巨大的產品，彷彿剛學會銲接就想造一台鋼彈。

創業不是一直埋頭準備、把整個產品都做好了、連同銷售人員跟客服團隊都找齊了才推出市場，因為這樣的風險太大。比較好的方法，是要在初期就趕快驗證可行性、趕快修正，也就是許多創業導師所說的，要趕快推出你的「最小可行性產品」(Minimum Viable Product)。

而建立知識品牌，其實跟創業很像。創業的最小可行性產品，可能是具備關鍵功能的某個測試版產品。

> **知識品牌的最小可行性產品很簡單，
> 就是你的知識文章，
> 你要將測試你的知識文章
> 到底可不可行列為第一優先事項，
> 再來談其他品牌建立的細節。**

大家可能聽過「精實創業」這個概念，簡單來說，即是要在精簡的情況之下來做創業規劃，一步一步測試，一步一步修正，快速獲得反饋再前進。我們在打造個人知識品牌時也一樣像是在創業路上，也要用精實創業的方法，在打造個人品牌的初期，先想辦法驗證自己的知識內容、自己想創造的寫作風格，到底是不是為大家所接受的？

所以在建立知識品牌的第一個階段，我會建議你，不要一開始就

先想著把品牌網站搞好，而是要先測試你的知識文章到底對目標讀者來說夠不夠好。這時候可以做的就是：

> **先在既有的熱門平台／網站上
> 去驗證你的文章，
> 而不是想著花很多時間跟精神
> 創造出一個熱門平台／網站。**

雖然到最後，你的個人知識品牌確實需要一個屬於你自己的平台／網站，但一開始，你需要優先做的則是先看看文章（你的產品）行不行得通。而最好的測試，就是讓文章出現在現有的熱門平台上，看看目標讀者的反應如何？

這就有點像是，今天你有一個產品，想要把他賣出去，你絕對不會自己立刻蓋一間百貨公司吧？你該做的是先把產品拿去熱門的市集賣賣看，才知道自己的東西大家喜不喜歡。

如果你今天為了要賣自己的產品，結果費力蓋了一家百貨公司，才發現產品本身有問題，那百貨公司也白蓋了，那不是很浪費時間跟資源嗎？而且通常，我們會在試圖蓋出一家百貨公司的路上就掛掉。

而且如果你用這種方法測試，最後你會搞不清楚到底是百貨公司不夠熱門，還是產品不夠好？有太多的變因讓你沒辦法確定自己做的事情到底對不對。

> **建立知識品牌的第一步，**

讓自己只有一件事情要確認，就是你的知識文章到底好不好。 ,,

很多人在打造個人品牌的時候，都會想著說，要先找人建個網站、要先來請設計師來設計一下亮眼的 LOGO 、吸睛的版面，要請開發者來建立留言、論壇等等各種「基本」功能。其實，一開始都不需要想那麼多，先把知識內容寫出來，然後找既有的熱門平台來推廣，先測試你的知識內容要怎麼修正，才是最重要的。

那既有的熱門平台有什麼選擇呢？這就回到你的目標讀者如何設定的問題，得看你的專業知識領域是什麼，你想要觸及到什麼樣的人？（年齡、性別、興趣、地點、收入 ......）

在這個垂直媒體多元並立，新媒體百花齊放的時刻，其實你能找到許多專注於各種不同主題、不同人群的垂直媒體，並鎖定那些跟你想要發表的內容屬性很相合的幾個，主動投稿給他們，先在他們的平台上發表你的文章。

,, 優先去找跟你目標讀者最相合的垂直媒體，在上面測試你的文章可行性。 ,,

特別是現在很多垂直媒體其實也很欠缺內容，如果你願意提供給他們質量兼具的稿件，我相信他們大多時候是很願意發表的。例如，如果你現在想要發表科學專業知識有關的內容，泛科學就很歡迎你投稿。你要做的就是找到一個既有的熱門平台，他們就像一間人潮湧動的百貨公司、人聲鼎沸的熱門市集，已經有很多人造訪跟關注，

你只要到那裏賣賣看你的產品，就可以做最快的測試，得到有意義的結果。

當你把你的產品上架、也就是將你的知識文章投稿到那個網站去，獲得發布之後，你不用擔心讀者的問題，因為垂直媒體上已經聚集了你需要的讀者，如果這樣做還是沒人看你的文章，比較大的可能就是你的知識文章還不具備爆紅、好看、容易理解的特質，這時候可以回頭參考本書前半部分的知識寫作教學。

這樣的測試讓你明白知識產品問題所在，你不會模糊於是因為自己的文章不好看？還是發佈的網站不夠熱門？你不必無謂困擾或擔心，因為你選擇的垂直媒體平台已經夠熱門了，你利用了他們來驗證一件關鍵的事情，就是你的文章到底寫得好不好。

所以打造知識品牌的第一階段，就是透過跟熱門平台、垂直媒體合作，在上面先用你的品牌名義來發表知識文章，藉此驗證你的知識文章到底具不具備爆紅元素。

當然也不只是這些新型垂直分眾媒體，你還是可以投稿給大眾媒體，或是分享至熱門的臉書社團與討論版。但是要記住，這個內容的渠道、發布的管道，一定得跟你的品牌、跟你的知識領域有所契合，要真的針對你的目標讀者去投稿，絕對不要亂投稿，絕對不要亂發表，要不然你獲得的回應，可能是比較糟糕又沒有參考價值，這是請大家要注意的。

第二階段：建立自己的渠道

經過初期跟熱門平台合作的階段後，假設你的知識寫作已經經過目標讀者的反饋而修正，確定自己目前的內容的確寫得不錯，自己

在創作的方式上的確掌握到竅門，那麼這時候就可以進入到個人知識品牌經營的中期。

在個人知識品牌經營的中期最關鍵的任務，就是要建立自己的渠道。

> **什麼是自己的渠道呢？**
> **也就是自己的網站、知識品牌的臉書、**
> **LINE、YouTube，**
> **讓你新發表的知識內容，**
> **可以透過自己的渠道傳播出去，**
> **也可以讓讀者進入你專屬的渠道。**

對於有志打造知識品牌的人來說，建立自己的渠道在現在的網路環境中非常簡單！甚至一個人也都可以做得到。

而且從建立網站到建立臉書等過程，都非常無痛，無論是架設一個網站或建立一個部落格，也都非常簡單，很多人選擇用一些免費的服務，像是 LINE、臉書、 YouTube ，或是可以建立網站部落格的 Medium、Blogger 等等，各式各樣的內容發布平台，都有很多人在用。

那接下來的重點就是，我應該選擇哪種渠道好呢？

> **如果你是以知識文章寫作為主的話，**
> **我還是建議要先設立一個自己的部落格，**

> **利用像是 Medium、Blogger
> 這樣的免費服務即可。**

可以不用太擔心你不懂怎麼架設網站,也不用擔心你不會網頁設計,不一定要太在乎這個部落格的長相美醜,因為現在這些免費的服務,都內建很多既定的版型,可以很方便地讓你去設計,或者讓你直接套用,就算要調整也都變得非常簡單,並不需要什麼專業的程式設計或是美術設計的技能,你就可以在最短時間完成架設一個部落格,是非常容易上手的東西。

所以當你測試過幾次,知道自己寫的知識文章真的有人想看時,就趕快開始建立自己的渠道吧!

只不過,到了中期建立自有渠道時要注意一件事情:

> **建立自有渠道後,
> 就代表你需要持續讓大家注意你,
> 這時候就需要很規律地發表內容。**

當你能夠規律地在自己的部落格、臉書等渠道上發表內容,那麼被吸引來的讀者,也會跟著你的規律常常回來看,養成習慣,才能真正留住你的讀者,建立起影響力。

只是,這時候你可能會有點分身乏術,除非你全心全意投入打造個人品牌,要不然大多數的專業人士恐怕會覺得:我好像沒有那麼多時間來做到這種程度?我真的有辦法持續生產知識內容嗎?

這時候，你可能需要一些幫手。有可能在這個階段，會需要請一些兼職的人員、工讀生或是全職的人員來協助你，又或者你可能找有類似服務的公司來協助你。例如說泛科學就可以協助許多的科學專業人士來打造個人品牌。

所以說在進入中期之後，就要思考自己能夠投入的個人資源、個人時間是否足夠，但關鍵就是要開始經營自己的渠道，持續生產內容。

和夥伴一起合作

再來就是進入到經營個人知識品牌的後期，這也是非常重要的一個階段，在這個階段已經經過前期的驗證、中期的渠道建立，你開始真正建立起個人的影響力了，這時候就要開始思考我要如何把我的品牌變得更大？更為人所知？在後期這個階段，一個關鍵的策略就是，你要想一下：

> **我能不能跟其他同樣位置、相似主題的品牌、組織，來創造共同的合作。**

要注意喔！這時候你要找的就不是初期那樣的發表平台或傳播渠道，也不是找人入夥你的個人品牌，而是要去找到「跟你在同樣的位置上」，可以跟你一起來做一些有趣事情的單位。例如說泛科學就可以跟其他平台一起來合作，你也可以找其他跟你主題相關的單位一起來合作。

> **這種互相合作的形式，**
> **可以有效的幫助品牌觸及**
> **另外一個品牌的社群。**

這是互利的，你的品牌可以觸及對方品牌的社群，而對方品牌也可以通過你來觸及不同的社群，我們都觸及到我們原本觸及不到的社群，讓兩個社群的讀者互相交流，同時建立兩個網站的共同信任感，讓彼此的目標讀者同時都認知這兩個品牌的存在感。

不過當然不只是互利，我們也要去思考兩個品牌怎麼合作，可以將價值最大化？

這時候要想一下，我可以找我的合作夥伴做一些什麼樣的事情呢？比較簡單的方式有可能是一起寫稿，例如說我經營的另一個娛樂產業知識網站娛樂重擊跟端傳媒一起合作寫稿，我們寫上篇、他們寫下篇，發表在各自網站，這就是一種很簡單的合作形式。

又或者，我們互相推薦彼此的文章，比如說 NPOst 公益交流站推鳴人堂的文章，報導者推公益交流站的文章，互相串聯，彼此都都看得起跟認可彼此的內容，就可以做這樣的合作。

還可以做更深度的合作，例如合辦實體活動、合辦講座、合辦課程。可以做各種線上或線下活動，結合兩邊的社群力量，把不同社群力量加在一起，會讓聲勢變得更大。

這是到後期我們要努力去做的一個方式，所以大家可以思考一下，你應該要找哪些合作夥伴談合作？你提出什麼樣的合作模式跟你的合作夥伴來做更容易產生雙贏的效果？可以找多個合作夥伴一起把

事情搞大，這都是有可能的，而且其他品牌也想這麼做。

　　所以，瞭解自己目前經營知識品牌是在初期、中期還是後期，然後可以做哪些事情，這就是我們在建立個人品牌上所需要瞭解的三個階段和步驟，提供給大家參考。

對經營專業知識社群的幾項建議？

賴以威 / 臺師大電機系助理教授、數感實驗室共同創辦人

很多人聽到數學就皺眉，但其實數學可以讓生活更有醍醐味！數感實驗室的目標是讓每個人都能看見生活中的數學，面向的群眾不只有成人、學生以及教師，還想讓不同的族群都可以一起跟著數感實驗室一起成長。究竟這樣的品牌要怎麼經營呢？數感實驗室的共同創辦人賴以威提供了以下幾點建議：

1. 透過持續的經營，逐步了解社群組成，並調整策略。例如數感實驗室的目標讀者設定一開始是面向社會大眾，但後來發現學生和老師佔了不小比例，因此經營方向也區分為主要族群和次要族群，分別設計內容。

2. 可以主動幫社群多做一些事，主動去想你的讀者會喜歡怎樣的內容，讀者也會有所回饋，像是數感實驗室曾經舉辦過的「給父母的紅包該包多少？」的特別企劃，年年都引起讀者們的熱烈迴響。

3. 在社群經營上，不只有數感實驗室臉書專頁，也延伸經營了有比較多教師聚集的數學寫作社團，討論更聚焦在教育上面。因為這樣的積累，後續也舉辦了面向學生的數學寫作競賽「數感盃」。

6-2

品牌個性與風格路線的三種選擇

建立品牌的記憶點，讓大家只要想到某個領域就優先想到你

在接下來這個部分，要跟大家介紹一下：如何選擇自己的品牌形象。

什麼是品牌形象呢？說到個人品牌形象，大家可能會想到最近在網路上品牌形象通常都非常鮮明的很多網紅、很多 YouTuber，其實很久以前開始這種名人就一直都有，不過現在出現了很多的網路新名人，這些網路圈出現的新名人到底是怎麼出現的呢？一個很大的關鍵就是很多粉絲喜歡看這些新名人展露某種真實的自我、有趣的個性。

除了知識，你的個性與自我也有吸引力

其實這跟傳播媒體環境的改變有非常緊密的關係。

過去大家可能沒辦法想像，假設像是鄧麗君或是一些超級大咖，會拿著相機自拍，然後把相片上傳到 Instagram 或是 Facebook，讓網友們來品頭論足，這在以前，大概是不太會發生的事情。

> **但是到現在大家會發現，每一個明星，**
> **不管是主流的明星，還是網路圈的明星，**
> **基本上都很習慣透過社群媒體來宣傳，**
> **並且用各種方式來讓大家看到**
> **所謂的「真實的自己」。**

當然，這種真實，很多時候也是一種表演，透過選擇性暴露某種自己的樣貌，讓觀眾看到我們想要讓觀眾、讓社群的追隨者看到的那一面。

打造個人品牌也有點類似這樣子。

在私領域（也就是平常我們自己過的生活），和公領域（也就是我們想要打造的品牌形象），這兩者之間現在出現了一種疊合，公領域跟私領域基本上就疊在一起了。

> **在社群上，大家也喜歡、也需要你**
> **展現出私領域的某些部分，**
> **而這會創造吸引力、會強化信任感。**

所以要建立個人知識品牌，絕對不只是讓大家看到你是一個單純的專業人士這樣就夠了，絕對不只是說自己是哪個醫院的院長、或者說自己是哪個單位的經理，絕對不只是這種專業的頭銜，甚至這些專業的頭銜不一定會為你帶來粉絲。

相對的，個人知識品牌更要包括了我這個人的性格，我這個人在平常私生活是什麼樣的人？我的個性是如何？這些東西都跟我們打造個人品牌非常有關。

你必須要適度去揭露自己的情感，揭露自己在私生活當中的樣貌，這樣子才可以讓更多人去信任你。如果我們只是死板板地把我們在工作上的場景以及頭銜拿出來跟大家溝通的話，其實大家是沒有什麼興趣的。

不過不用擔心，即使你是一個內向的人，也有不同的揭露自己個性、建立自己風格的方法，下面我就要跟大家分享，如何建立品牌個性、風格路線？到底有哪些路線風格可以選擇呢？我用三個 D 來代表這三種路線。

第一種個性風格：Different

第一個 D 就是 Different ，也就是「不同」。跟人家完全不一樣的，也就是反骨型的風格。

什麼是不同？像是有很多的網紅、或者很多的名人，他之所以紅，就是因為他都是做跟別人不一樣的事情。他的性格、她的風格、他說出來的話，以及做的事，對議題的意見，都跟別人有點不一樣，甚至完全不一樣。

舉例來說，像是柯文哲，他在當選市長前，其實也是一個網紅。大家都會把他的語錄發到網路上，然後就會討論這個「怪人」。那為什麼大家會想要討論他呢？因為他講的話非常生猛、與眾不同，即使到了現在當了市長，他講話一樣很生猛。由於太常「失言」，在接受媒體訪問時他曾說「沒有啦，失言跟講實話有時候很難劃分。」每次他

講錯話都獲得非常多的關注，正因為那些常常是一般人不敢講、不明講的話。

那為什麼會有一個政治人物，一直講錯話，好像不經大腦思考，可是他明明又是一個 IQ 那麼高的醫生，那麼聰明的一個人？於是大家就很好奇，甚至也就有許多人喜歡他這樣與眾不同的個性。

所以，我認為這其實是一種選擇，去選擇一種特別另類、不同的類型，讓大家覺得這個人不一樣，這個人跟其他政治人物不一樣。

所以，經營個人知識品牌的個性，也可以從是 Different 入手，去打造出跟別人不同的感覺。

這時候就要先想一下，你這個專業領域裡面的其他人，大概都是怎麼樣展現自己？其他人都是什麼風格？都是正氣凜然、一副非常專業知性的嗎？然後，如果你選擇 Different 的個性路線，你就要去做完全不一樣的樣子。

如果這個領域的人都是正氣凜然，那麼你可能就要當一個 Rocker，當一個叛逆者。如果這個領域的人都是黑黑暗暗的，你就要把自己弄得很明亮、很乾淨。

> **創造你與其他人不一樣的反差，**
> **讓你的目標讀者眼睛一亮。**

所以說在建立第一種與眾不同的形象時，要先找出一個差異點，讓自己像在萬綠叢中一點紅那樣凸顯出來，這是第一個 D，Different。

第二種個性風格：Dazzling

第二個 D，Dazzling，也就是「亮眼」。所謂的亮眼和剛剛的「不同」有差異，亮眼強調的是個人的表達或表演能力。

像是柯文哲，其實並不是一個表演能力特別好的人，所以他是走向一個 Different 的路線。而像是很多的網紅，像是「這群人」、「蔡阿嘎」等等，他們的口語表達能力很好，他們的肢體表演能力也非常好，所以他們就可以透過這樣的表演方式讓大家喜歡上。

他們有的人會唱歌、有的人會作圖、有的人會設計，他們非常善於在大眾面前表達他們自己，他們說話十分有魅力，他們能夠用最吸睛的方式讓自己成為目光焦點。

但是，這個路線是比較靠天吃飯的，如果你先天上沒有這個條件，沒有天生的表演能力，通常就比較難做到。

當然後天的鍛鍊還是有可能達到的，不過這對大部分的專業人士來說，可能是比較挑戰的。

但相對的，如果你真的是一個外貌、體型、表演能力、傳達能力都是有條件的人，其實可以考慮這個路線。好好的把自己的優勢展現出來。

第三種個性風格：Deep

再來要介紹第三個 D，Deep，這第三個 D，其實也是三個 D 裡面，最多專業人士選擇的路線。

為什麼呢？因為第一個 Different，有時候好像要偽裝自己，偽裝一

個跟自己完全不同的形象，好像有點難度。第二個 Dazzling，好像又要能歌善舞、口條流利，對很多人來說也很有挑戰。但是第三個 D，Deep，就是深，要呈現出一個很深度的專業知識的角色，這對專業人士來說，相對容易做到。

所謂的深入、深度是什麼意思呢？

簡單來說，今天假設你是一位皮膚科醫師，你想要打造個人專業品牌，讓更多人認識你，那你就不能說你只是一位皮膚科醫師，因為皮膚科醫師還真的蠻多的，這時候，你應該可以設定自己是一位「對於青春痘最瞭解」的皮膚科醫師，並且你的知識寫作都一直專注於寫青春痘相關的議題，其他的議題你就是不寫或少寫。

那這樣我不是就很侷限討論的範圍嗎？這是故意的！我們要故意去侷限自己的討論範圍，這就是為了要打造自己的個人形象。

> **我們必須在消費者的心目中，**
> **產生一個定錨的效果，**
> **讓大家想到這件事情，就想到你，**
> **例如想到青春痘就想到你，**
> **不會想到別的皮膚科醫師。**

進一步舉例，例如說你今天是一個心理師，你也想要打造自己的個人品牌，你當然原本可以做各個領域的諮商與探討，但是要自己設定好一個切得很細的路線，或許是設定自己只討論年長者相關的心理狀態，這時候就可以讓你的品牌變得非常明確，大家知道你就是年長者的心理權威。

> **不要擔心如果自己切得很細，
> 以後要怎麼擴展？你要擔心的是，
> 如果一開始就放得太開，
> 你可能完全沒有辦法讓大家注意到你！**

所以一開始要把自己的路線設得很窄，你雖然知道的很多，但是你就是限制自己，只談這個路線，而且要愈挖愈深，把這個路線挖到無人能及的深度，讓讀者知道，這個主題只有找你談才是最專業的。這時候，你在這個路線上就掌握到了品牌的獨特性。

要注意到，不要一開始把戰場擴得很廣，雖然說你可能知道的很多，你覺得什麼都可以談，還是要讓自己的知識品牌更專注。

當然，不管是 Different、Dazzling、Deep，不是說這三個路線只能選一種路線，這三個路線也可以綜合利用，就看你有沒有綜合的能力。

但是無論如何，起碼要掌握一種風格路線，創造出你的個性，讓你成為這個領域的專家、大師、目光焦點，成為其中一個領域的達人級人物，建立大家對你的記憶點。

如何展現與眾不同的品牌風格？

火星軍情局

　　覺得大眾對科學的印象就是無聊難懂？那火星人跟你聊科學會不會更有趣一點？咦咦咦！？你是否也突然驚覺，換個虛擬角色竟然會讓人覺得更有親和力，但這樣一來又要怎麼不失專業呢？以下極機密情報僅公開給閱讀本書的藍星人，離開這個場域，火星軍情局一概不會承認洩漏過以下情報（大概吧？）。

1. 像這樣「搞不清楚地球是怎麼回事的火星人」的網路人格是很有趣的，利用這樣的人格也很宅很有趣，但要怎樣讓人也願意相信這個虛擬人格的專業呢？其實就是建立品牌個性，將火星軍情局的角色塑造成對資訊執著、會查證，內容有相當的正確性，並對此堅持的人格。

2. 當在寫真正的專業文章時，還是要注意深度以及內容主軸。閒聊打屁可建立社群感情，但信任來自有料的書寫。

3. 因為沒有真人人格對應，在跟網友討論議題時，可能會有部分的人不能接受這樣的方式，或是因此有不太正經的回應。這是以這方式經營內容時需要注意的地方。

6-3

個人知識品牌的
三種最有影響力角色

在知識經營上，有三種專業角色最能引發讀者的認同與追隨

接下來這個部分，要跟大家介紹一下三種特別適合專業工作者挑選的知識品牌「角色」。

一般的品牌都有一些類型，而個人知識品牌的關鍵就在你這位專業工作者身上，這時候，除了你的個性風格外，你在專業上可以扮演什麼「角色」呢？你可以選擇哪些讓粉絲會喜歡你的角色呢？

之前已經說到，我們該如何來通過寫作把自己推廣出去，接著我們就要想，如何讓更多人注意到我們，如何掌握我們發表的節奏，我們應該要用什麼樣的角色面貌呈現在大家的面前。

跟之前講的三個 D 不太一樣的是，我接下跟大家講的這三種類型，比較屬於我們從知識的發表頻率，以及我們對知識想像的出發點，來做出不一樣的角色選擇。

第一種角色：知識健身教練

第一個要跟大家介紹的，就是知識的健身教練。

什麼是知識的健身教練呢？大家應該都知道健身教練這種角色，健身教練就是幫所有想要運動健身的人，讓他能夠持續運動，幫他建立起習慣，幫他改進方法，然後循序漸進地去把自己的體能越練越好，這就是健身教練的角色。

> **健身教練必須要有方法、必須要有溝通的能力，才能有辦法讓想要運動的人能夠持之以恆，並且有效的訓練這些人。**

知識的健身教練其實也是類似的角色，很多人在學習知識、探索知識的過程中，很容易就累了，很容易就放棄了。所謂的知識健身教練，就是他們可以把很複雜很難懂的訓練，切成一小塊一小塊，然後有節奏地提供給需要的讀者、使用者，帶著讀者一起做知識的訓練。

所以首先，知識的健身教練要做的事情，就是：

> **「持續並且比較高頻率」地提供給讀者適合他「在短期間內可以消化」的內容。**

就像是你的健身教練，每天陪你去慢跑半小時，他也不需要你跑兩個小時，他也不需要你快速激烈的跑步，他不需要你做這些難做的事情，因為他已經幫你把訓練簡化成你做得到的程度，並且帶你持之以恆地做，就是陪你每天慢跑半個小時。

知識的健身教練，就要用類似的方式，比如說你每天就給讀者一篇到兩篇值得看的文章，發表的頻率也會比較頻繁，可能是每天都

要給，可能是每兩天給一次。

發表頻率必須要高，才有辦法讓讀者養成習慣，要不然很容易就會中斷。

特別要強調的是，我們給的知識厚度跟密度不要太高，要不然大家可能會受不了，所以內容要切割到像是 5-10 分鐘之內能閱讀完，這樣子大家才有辦法跟著健身教練的角度，來持續鍛鍊我們的知識。

如果知識健身教練做得好，會有很龐大的追隨者，每天都會有大量讀者想要看你帶他們做什麼知識訓練，影響力可以即時又快速的傳播。

第二種角色：知識廚師

第二種角色就是知識的廚師。

什麼叫知識的廚師呢？廚師就是一個善於料理各種素材，做成一桌好菜的人，而你如何將許多許多的知識變成一桌好菜？

我們現在是一個要利用知識的豐沛性，而不是利用知識的稀缺性的時代。知識已經很多了，到處都是知識，可是大家在選擇知識的時候遇到了問題，所以說，我們要必須能夠整理各方的知識，把關於這個議題各個領域的知識，或是各家之言，整理成一桌好菜，讓讀者不用自己選、不用自己找，照著我的菜單吃就對了。

有點像是很多人在試著做的懶人包，把各方的意見都盤整進來，不過我們的重點是在做知識溝通，不是在做懶人包，知識學習也不太適合懶人。

> **我要做的是把各個正確的、值得一看的**
> **資訊整理起來，讓讀者不用自己選，**
> **不用自己搜尋解答，不用自己整理資料，**
> **照著我的知識菜單吃就好。**

所以說，知識廚師不是每一天都能發表，因為他需要花一段時間整理，他的發表頻率可能比較慢，大概一週一篇，甚至兩週一篇，再久一點可能一個月一篇。可是這一篇文章，必須要達到像一桌好菜一樣，讓人吃過之後難以忘懷的程度，他必須要能夠完整地整理，讓人覺得看完這篇就對某個複雜主題豁然開朗，甚至會常常回頭查詢這篇文章。

例如有些文章會說，看完這篇就可以搞懂中東與國際情勢，看完這篇就搞懂區塊鏈，看完這篇就搞懂基因編輯技術，這種寫法，就是要讓你覺得在這一桌菜當中，可以讓我吃得很飽，吃得多元，吃得很營養，而且吃完就懂了。

這就是知識廚師的角色，但要寫一篇讓人覺得可以完全滿足需求的內容，其實並不容易，這類文章通常不是臨時可以創造出來的，所以說如果今天是時事性的內容，可能就比較趕不上。

可是像這樣的比較大的、完整的內容，在網路上其實非常受到歡迎的，大家都覺得這個議題我好像應該知道一下，這個議題好像很重要的，但是，平常看零碎的內容覺得浪費時間，所以當有一篇文章可以好好來滿足大家，把這個議題、關於這個知識的完整內容都提供給讀者的時候，這樣的內容會受到歡迎，而且會獲得很多人分享！

> **讓你的整理文章，變成某個議題中**

> **可以一錘定音的存在，**
> **讓讀者看完這篇文章就能搞懂某個難題。** 〝〞

知識廚師，要試著讓自己的內容可以一錘定音。

這就是知識廚師的角色，發表的頻率可能是比較低的，可是內容的厚度、密度是比較高的，但是重點還是要料理好吃，不好吃還是沒有用的。

第三種角色：知識清淨師

接下來第三種具有影響力的知識品牌角色，是知識的清淨師。

清淨師是什麼意思？大家有沒有用過空氣清淨機，如果說你家裡面的空氣不太好，你可能會購買空氣清淨機。當你覺得知識很混濁，就像空氣一樣混濁的時候，你就需要知識的清淨師。

知識清淨師扮演的角色，就是告訴讀者，其實關於這個領域的知識有很多人都在胡說八道，有很多道聽塗說，有很多流言蜚語、偽科學，「好險有我在，讓我來告訴你真實的情況是什麼」。

這有點像是我們之前介紹的十種套路中的「翻案文」。但其實身為知識的清淨師，不只是一直發這類型的文章，而是在整個品牌的切入角度上先站穩一個前提：在這個專業的知識領域裡，各種資訊已經太過雜亂，而且太過渾濁，又有太多莫名其妙和錯誤的資訊在流傳，以至於不管領域內外的人都覺得很痛苦，你沒有辦法花那麼高的時間成本、精神成本、認知成本去分辨出哪些是對的？哪些是錯的？而且大部分的讀者、非專業的人，也分辨不出來。所以需要清淨師來幫你過濾。

> **知識的清淨師，就是要來對某一系列的知識議題撥亂反正。**

　　所以知識清淨師是要跟大家說，那些很多錯的、對的、混亂的資訊，你沒有辦法挑選，所以你聽我的就好了。甚至這些坊間商家的訊息、這些只為了賣東西的訊息，都是錯的，所以我來告訴你，我會保證提供你正確的資訊。

　　你說這樣的保證有用嗎？其實不少讀者一開始就會買單，尤其是那些訊息特別混亂的知識主題，這樣的角色更是讀者心中迫切想要的，當然這也要看你在選擇知識清淨師這樣的角色之後，有沒有辦法能夠持續地提供這樣的好內容。

　　知識清淨師的發表頻率比較不固定，有可能是根據時事快速來作出反應，也可能是根據已經在流傳的這些錯誤流言蜚語，來一一的打臉。

　　這種內容比較具有戰鬥性格，所以大家也要注意，這是比較容易惹禍上身的一種知識品牌路線。

　　不過，這也是最容易獲得注目的一種路線。

　　所以說，如果你是知識健身教練，你所做的就是固定帶大家一起訓練。如果你是知識的廚師，就是要讓大家覺得很飢渴，並且讓你整理的文章在搜尋引擎上獲得很好的成效。

　　如果你是知識清淨師，重要的就是在時事發生時，很快速地提供你個人的見解，展現你個人的立場，告訴你的讀者們，我說的是對的，我說的是正確的，其他亂傳的、亂說的都不要聽，你把你有限的注意力、有限的時間都留給我就對了。（當然，語氣可以不那麼硬）

當然，這三種角色也可以綜合運用，不見得只能選擇一種角色，其他角色就沒辦法應用。但通常我會建議你先選擇一種主要角色，然後再來搭配一些其他路線的內容。

以上就是三種關於知識品牌有影響力的角色類型，提供給大家參考。

重點整理

⇨ 知識健身教練：發表頻率密集，通常是每日 1-2 次。提供穩定、份量小的知識內容，目的在於「幫你成為」，像是得到 App 上的專欄，通常專注於單一知識領域，情感張力低。讀者認同的主要價值是低負擔累積新的知識存量。

⇨ 知識廚師：發表頻率中等，約每月 1-4 次。提供經過特殊處理消化後的複雜知識，通常會跨多個知識領域，目的是「幫你了解」，情緒張力中等，像是以前的羅輯思維、圖文不符、TaiwanBar、囧星人等等。讀者認同的主要價值是協助自己有效率地管理高漲的知識流量。

⇨ 知識清淨機：發表頻率不固定，隨事件而發。通常專注於單一知識領域，目的是「幫你逃出」，情感張力強。像是科學新聞解剖室、Medpartner、文青別鬼扯、Sway 房市觀測站等。讀者認同的主要價值是想要提高自己周圍的知識質量，能夠辨識並排除糟糕的知識。

如何跟讀者溝通困難議題？

廖英凱 / 非典型的不務正業者，對資訊與真相有詭異的渴望與執著，夢想能做出鋼鐵人或心靈史學。

　　講到核能、再生能源、電磁波 …… 等等議題時，就讓你眉頭深鎖、一個頭兩個大嗎？你的專業領域也有些不討人喜歡卻又很重要的議題，想談卻又怕無法駕馭嗎？最喜歡往這些議題裡衝的廖英凱，和大家分享討論議題知識時，該怎麼去簡化和取捨你所要說的內容：

1. 要選擇你的讀者，不要貪心地想要通吃。這樣你才能從這群目標讀者的背景知識去推敲文章內容，甚至預料到他們對這類內容主題的態度。

2. 在鋪陳知識時，你要知道你的目標讀者在想什麼，幫他建立科學理論的脈絡，例如從主流學界的說法、科學社群內部的磨合、外部的爭議、以及科學史來切入。

3. 如果內容太難的話會讓人覺得是「專業的傲慢」，太過簡單又會顯得不專業，不知如何拿捏的話可以從預設讀者知識水平為國中二年級至高中自然組程度開始出發。

6-4

如何建立知識品牌的社群？

專業工作者真正需要建立的是認同你的知識內容的社群

接下來要跟大家介紹社群行銷的方法，當然，社群行銷常常是要花好幾個小時去上課、而且還要不斷從實戰中演練的題目，我們這本書的主題是知識寫作、知識品牌建立，而非專門講社群行銷的書，所以這裡不會教你那些一般的社群行銷方法，而是要跟你分享，適合專業工作者的關鍵經營社群方法。

很多時候，大家會誤以為發發臉書、傳傳 LINE，這樣就是社群行銷，當然完全不是。我嘗試了很多網路上分享的社群行銷方法，但試過後發現這個也不對，那個也不對，看起來都很厲害，但我做起來就是不太順手，到底應該怎麼辦呢？哪個才是適合專業工作者的知識社群行銷方法呢？

這邊我要先回歸根本，來聊聊什麼叫做社群？所謂社群，就是你加入之後獲得的利益，大於你加入之前原本狀態的一個組織，那就是社群。大家因為加入社群有利益可圖，所以想要加入你的社群。

然而，社群的利益到底是怎麼回事？難道我加入這個社群之後就有錢可以拿嗎？當然不能這樣解釋。

所謂加入社群之後獲得的利益，可以分成兩種。第一種就是外源性的利益，另一種就是內源性的利益。

外源性獎勵

　　所謂外源性的利益、獎勵，就是像是有些粉絲團會辦抽獎，有些 LINE 帳號會送貼圖，有些社團會送電影票之類的，反正用各種引誘你的方式，讓你去做一些事情，像是按讚、分享、加入好友、填問券等等。

　　這時候你就會想一下，這好像是爸爸媽媽在哄自己的小孩：「你吃完這口花椰菜，等下就可以吃糖糖」、「你吃完這個韭菜，等一下就可以吃冰淇淋」。你會不會覺得這個方式怪怪的？

　　很多人都會這樣教小孩，也很多人這樣操作社群，用外源性的獎勵來操作社群，但是最後都遇上了很大的問題。原因就是，如果我們是用這樣的獎勵去吸引粉絲，讓粉絲來為我做一些事情、來加入我的社群的話，當這些人沒有辦法繼續獲得這樣的獎勵，或者已經獲得獎勵之後，他就會離開了，或是完全不互動了。

　　因為他真正要的並不是你的社群，他對你的社群是沒有情感的，沒有依附的，只是為了你的外源性獎勵而來。

　　所以這樣操作很容易適得其反，特別是現在社群媒體演算法的操作下，有些粉絲團他有好幾十萬、甚至上百萬人按讚，可是互動非常的少。有些粉絲團按讚的人不多，可是互動的頻率很高。就是因為前者的粉絲只是為了外源性獎勵而來，最後只有數字留下來，但完全不活躍了。

而且這會形成一個惡性循環，其實在現在 Facebook 的機制當中，你會發現如果你的粉絲團有一百萬人，你發一個訊息，Facebook 可能頂多給其中的一萬人看到，那接著下來，Facebook 會判斷這一萬人有沒有跟你的貼文產生互動，如果互動頻率比較高的話，那系統才會讓你的訊息再往外擴，這就是臉書的設計。

所以說，當你吸引進來這一百萬人，他們可能一開始只是為了抽獎，一開始只是要看一些正妹天菜的圖，而不是為了要跟你討論的時候，其實後續他們就不會跟你產生互動。那 Facebook 就會發現，當一萬人看到你的貼文的時候，只有十人跟你產生互動，那以後系統就會讓更少的人看到你的貼文。久而久之，你的 Facebook 貼文就會愈來愈沒有效率。而你的社群流量表現，也會連帶影響到你的文章在搜尋引擎裡的表現。

> **外源性的獎勵不是說不能用，但是外源性的獎勵最好只給那些本來就愛你，本來就跟你有高度互動的人。**

用外源性獎勵去鼓勵原本已經愛你的人，讓他對你的忠誠，讓他對你的互動越來越高。這才是應用外源性獎勵的方式，絕對不是利用外源性獎勵去吸引那些本來對你沒有興趣的人，這一點一定要記住。

內源性獎勵

接下來我們要介紹的更為重要，也就是內源性的獎勵。

內源性的獎勵，就是我們人性當中追求的那種滿足感，人是社群的動物，我們都會希望能夠獲得「參與感」，能夠交到朋友，能夠跟志同道合的人在一起。這種志同道合的感覺，就是大家想要的內源性獎勵。

另外一個大家想要的內源性獎勵，就是「成就感」，我們能不能在這個社群當中，達成一些本來做不到的事情，我們能不能做成一些讓自己感到驕傲、感到滿意的一些事情。

再來就是「領導感」，我們能不能在這個社群當中，帶領另外一小群人去完成一些事情，獲得人家的尊敬。這是非常重要的一種領導感。

最後一個，就是「新知感」，我們能不能在這個社群當中，比沒有在這個社群中的人，更快接觸一些很重要的新事情？因為加入這個社群，所以我們可以比沒有加入這個社群的人更早，以及更正確地獲得一些關鍵的資訊，這個就是所謂的新知感。

> 參與感、成就感、領導感、新知感，
> 這些都是讓人願意加入社群的關鍵，
> 也是內源性的獎勵機制。

所以，我們要用各種的方式來提供社群成員內源性獎勵，獲得內源性獎勵的人，他們的凝聚力才會更強，才會產生更多的互動，才會協助你把訊息傳播出去，並且幫你拉進更多的人。

我們可以設計出一些小環節，讓大家可參與，例如前面說過我們可以邀請創作，可以共同策展一起打造公共財，又或者說我們可以

設計小問答，讓大家來回答，產生跟你的互動，然後我們可以把擁有的贈品，送給那些回答得最好的朋友。

同時我們可以設計有意思的線下活動，讓人們願意去參加。這樣累積起來的社群，才是有活力的，才是有意義的。

大家特別要注意到，社群這個事情絕對不是越大越好，而是越扎實，這個社群才愈有價值。

曾文宣 / 就讀台灣師範大學生科系生態演化組，從小便以成為動物學家為志向，特愛鱷魚，因此踏入兩爬研究領域。

打開 Facebook 就只能看到 .... 下午茶小確幸嗎？社群平台難道真的不適合讓專業知識發酵嗎？喜歡動物、最愛鱷魚的曾文宣，不只科普文章幽默風趣、本人動人可愛 (?)，穿梭在粉絲頁「crocoman-go 鱷名遠播」、社團「Ecology & Evolution translated 「生態演化」中文分享版」和自己的個人版上，都在散播知識散播愛，同時也讓周遭的人一同加入科普的行列；這是怎麼辦到的呢？若你打算開始或已經經營了知識社群，以下是文宣給你的建議：

1. 好好利用 Facebook 的機制，給予不同的目的：科研圈的專業人士較多在社團裡，因此可以討論一些比較硬的專業研究，連結專業人脈；粉絲專頁則聚焦相關知識和有趣的小內容，來吸引喜歡該主題的人和較普羅的大眾；個人帳號則是穿針引線，也展現自己的生活。

2. 除了勤奮地搜集資料、分享之外，也要讓自己在這之間成為樞紐。請大膽地 tag 那些對特定議題有興趣或是專精的人，鼓勵他們來發表跟回應。

3. 只從自己的角度去看非專精領域的文獻一定有所侷限，這時可以透過社群平台多多與其他領域的大大們相互討論。認真提出自己的疑惑，尋求協助，也分享見解，更能創造活絡具有向心力的社群。

6-5

如何呼喚出你的知識部落？

在粉絲數成長背後，你更需要建立你的社群核心鐵粉

在接下來這個最後部分，要跟大家介紹一下，我們如何召喚出自己的部落？

所謂的部落是什麼意思呢？前面說過社群這個概念，社群其實相對於部落來說還是一個比較鬆散的團體。而部落，就是指社群當中的核心分子，在社群當中的鐵粉，這些人就稱之為「部落」。

為什麼部落這麼重要呢？有幾個原因。

首先，大家都知道我們在經營個人品牌，我們在持續跟社會溝通，跟我們的粉絲、社群溝通時，我們都會犯錯，犯錯時特別需要你的部落給你最快速的支持，讓你知道該如何去改善。

另外部落也是最願意在你主辦的所有活動，無論線上或線下活動，都願意現身來參加的那些人。網路趨勢大師凱文凱利 (Kevin Kelly) 有個廣為流傳的「1,000 名真實粉絲」的概念，簡單而言，就是對一個創作者來說，想要成功，只需要有一千個願意付錢支持他的粉絲，基本上他就可以活得下去。在現在這個社群時代，這一千個粉絲，

也就是你的關鍵部落。

那我們要透過什麼方式，才有辦法把自己的部落找出來呢？

以下提供給你五種方式，可以幫你把部落召喚出來。召喚出這些部落後，你就要長期跟他們保持好的互動，產生良性關係，因為部落這麼支持你，我相信你也會很喜歡跟他們在一起，然後跟他們一起合作。

提問

第一種方式就是提問，你可以通過提問的方式召喚出你的部落。

可是這邊講的提問，跟之前的章節講到的提問方式，例如你問大家一些知識性問題，這兩者可是不一樣的喔！

> **召喚部落的提問，要問的問題是「你希望我做些什麼？」**

也就是說你是在一個後設的情況之下，在你的社群知道你經營這個個人品牌，是有一些目的，是有一些使命的情況之下，去問你的社群「我在經營我的個人品牌、個人網站、粉絲頁，你希望我將我的專業轉化成什麼內容呢？你希望我如何運用專業的知識來充實我的網站呢？」

也就是說你要問你的社群，他們希望看到什麼，希望在你的經營之下提供他們什麼。

能夠回答你這個問題的人其實並不多，可是這些關鍵的人就是你的部落，就是你的鐵粉。

透過提問的方式去問你的社群，他們想要你做什麼，建議你做什麼。他們建議你去做的一些事情，可能你不一定達得到，可能不是你現在想要做的，但也有可能就是你自己想做的事情，這些資訊都可以好好的留存，這是非常重要的。

幕後故事

第二個做法就是講幕後故事，什麼是幕後故事？就是告訴大家你在寫某篇文章的過程中，或是你在打造個人品牌的整個歷程當中，你做了哪些事情？遇到了哪些狀況？

例如說，一開始你去上了鄭國威的課，接著架了一些網站，然後很不好用等等，這些幕後故事就是像拍一部電影過程前後都有很多NG 片段或幕後花絮，這是很多電影迷特別喜歡看的部分，因為這讓他們覺得更接近這部作品，更了解這部作品。

> **特別是最忠實的粉絲，也就是我們的部落，他們最喜歡看「你在幕後做了些什麼」。**

你如果想要召喚出部落，就是要通過提供這樣的內容，讓他們主動浮上來，然後跟這樣的內容產生互動。

幕後故事，也就是你在打造個人品牌的過程中，你做了哪些事情？你遇到哪些挑戰？你掉過哪些坑？你有哪些覺得做的還不錯的事

情？把這些故事寫出來跟大家分享吧！

我們是誰？

第三個作法就是要跟大家講「我們是誰」。

「我們是誰」是什麼意思呢？其實你在打造個人品牌時，或許是一個人，或許有一個小團隊跟你一起合作，但你有時候會有面貌模糊的問題，也就是說大家其實並不真的知道你這個人是誰。

之前的章節我提到，要打造具有親近感的內容，透過 Reveal 自我揭露讓大家知道你是誰。

告訴大家你是誰，例如你是這個品牌的創辦人，你還有一些協助你的夥伴，例如兼職的設計師有什麼特別的品味、工程師有什麼特殊的癖好，他們平常都在做什麼？你平常都在做什麼？你的嗜好是什麼？或者說你喜歡看的電影是什麼？你喜歡看的書是什麼？

> **這種自我揭露，**
> **其實非常受到你的部落期待。**

舉例來說，我們都知道有一位知識型網紅叫做囧星人，她非常的知名，很多人都很喜歡她。你會發現，當她在說書時，她收到的回響反而沒有她在自我揭露的時候來得多，她在自我揭露自己的性向或是生平的時候，獲得的回響是非常高的。當然，這不代表以後都要一直講自己的事，而是透過有節奏地讓社群認識自己，找出你的部落。

大家其實是很喜歡這些打造知識品牌的人，去跟社群說你是一個什麼樣的人？這是一個非常好的一個做法，大家認同你的性格，認同你的事情之後，他也會更認同你的內容。所以說，要告訴大家我們是誰，你是誰。

對不起

下一個方式是「對不起」，為什麼要說對不起？之前有講到，我們要了解犯錯是必然，我們要創造具公共財性質的內容，我們要把每次犯錯都當成機會，因為那是大家注意力特別集中的時刻

但是有時候就是沒犯錯，又不能故意犯錯怎麼辦？這時候就要善用「對不起」。

> **你自己知道哪裡做的還不夠，**
> **主動跟你的用戶說對不起，**
> **說我哪裡做得還不夠好，**
> **我知道我在這件事情上還有提升的空間。**

或許你的用戶沒有提出問題，或許你並不是真的犯錯，但是要保持這樣的誠意，有節奏，三不五時的，讓你的讀者知道你心中抱持著一種愧疚感，因為你覺得自己做得不夠好，想要提升自己的內容與表現。

這時候你的讀者會覺得你是一個非常坦誠，非常願意分享的人，這時候如果他對你平常有些不滿，或是平常覺得你有些事情做得不

夠好，只是沒有講出來，當你自己主動講出來之後，他會覺得這個傢伙還不錯，所以給你「拍拍」，鼓勵你，他或許也會想要給你撫慰，因為他知道你心中覺得自己還不夠好，他知道你想要變得更好，而這會讓你的部落更認同你。

所以這種「對不起」的文章，是可以適度地來發表，讓讀者知道，你想要怎麼做得更好，但因為種種原因你還沒辦法做得更好，請求讀者的體諒，這也是一種召喚部落的方式。

為什麼？

最後一種召喚部落的方式是整個品牌打造的關鍵核心，也就是「為什麼？」

之前我們也討論過「為什麼」，但是那屬於知識寫作九宮格裡的主題，是為了傳達出一篇文章的問題意識。

> 可是我現在要講的「為什麼」，
> 是「為什麼要做這件事情」，
> 「為什麼要打造品牌」
> 「為什麼要做這份專業工作」。

這時候要善用講故事的能力，你必須要結合剛才講的「我是誰」，去告訴你的社群，你之所以做這些事情，之所以寫這篇文章，背後有一個故事，有一個使命感，有一個脈絡。

例如說，你今天之所以要來分享這個特定領域的知識，是因為你曾有一個重大遭遇，這個遭遇給你留下很深刻的印象，所以，在你開始做這個事情之後，就一直記得要好好的來傳播這個領域的知識，要不然有些問題可能會發生、或是無法解決。

要告訴大家為什麼你要做這件事情，得先定義出一個明確的問題，這個問題可能是過去經歷過的，可能是你覺得這個世界、社會、你的專業領域中的明確問題，這個問題要是可以被解決的，你必須要呈現出這個事情的急迫性、重要性，於是你才有辦法說服你的讀者，為什麼你要做這件事情？為什麼做這個事情是有道理的？

以及，為什麼讀者應該繼續關注你？為什麼社群要在你推進這條個人品牌的道路上來持續支持你？

以上五個召喚部落的方式，你都可以透過預先的寫作，把它寫成像是「關於我們」頁面的文章，你也可以不定期針對一些事件去作出反應，將這些概念融入你的文章，或是通過社群去跟你的社群產生這些互動。

知識品牌不是只有寫作內容就好，想要讀者更接近你的話，就要召喚出部落，用我們剛才所提供的五種方式，讓你的鐵粉聚集起來。

以上就是個人知識品牌打造之路，希望大家有所收穫。

結語

清官要比貪官更奸！

在周星馳的電影《九品芝麻官》裡頭，他的父親在臨終前留下一句話：「貪官要奸，清官要更奸，要不然怎麼對付得了那些壞人呢？」雖然聽起來不太政治正確，但我對這句話深感認同，這也是我為何要開一門課、寫這本書。

知識能變現、內容即行銷。過去幾年，隨著網路「知識付費」大風吹，各種模式同時興起，打賞贊助、訂閱集資、導購置入等不一而足，也掀起一波波的討論，然而我卻覺得這些都只是表象、只是技巧，底下的實質問題卻沒被考量。

真正的問題是在科技推波助瀾之下，數十億人運用注意力、獲取知識的方式跟態度已經完全改變，而大量錯誤又低廉的內容正在淹沒每個社會，知識經濟看似蓬勃發展，但其實已經逐漸變成臭水死水，這將影響一整個世代的未來。因此，2017 年 1 月，我展開為期一年的百場「知識經濟的未來」演講計畫，到各地與不同領域的夥伴面對面深度討論。同年 6 月，我開始著手整理自己過去 10 多年來從個人部落格到創辦、經營超過 10 個垂直網站，與數百位各領域專家與知識達人互動的經驗，將其整理為一門實體課程，之後再轉為線上課，以及你現在手上的這本書，目的是讓清官不用手無寸鐵。

看完本書，你應該對自己為何而寫、怎麼寫、寫什麼都有想法了，接下來，你該做的就是採取行動：趕快打開電腦，寫一篇！

對我來說，寫這本書也是為了讓自己更懂自己。沒辦法教人的學問，代表自己還沒有真正搞懂。而沒辦法寫成易懂文章的專業，也可能意味著自己還不夠專業。不讓自己被資訊淹沒的最好應對方式，就是開始有系統、有規律地輸出。

如果你還在躊躇，請容我再加碼：

第一：歡迎加入「泛科知識寫作研究所」(https://www.facebook.com/groups/sciencewriting4branding/) 臉書社團，這裡有許多跟你一樣正在透過寫作自我提升、傳播品牌的夥伴。你可以到這裡來發問，我也會盡量提供我的看法。

第二：歡迎投稿給我們。只要你認為你的文章適合泛科學或我主持的多個網站，富知識性與趣味性，我們都願意協助審稿，給你意見，並在達到標準後刊登。我們也會支付合理的稿費，就讓我們當你的一雙翅膀！投稿請寄到 contact@pansci.asia

讓天下沒有難學的知識，是我以及我們公司的使命，因為唯有如此，才能讓人知道怎樣應對加速變化的時代。我誠摯邀請每一位上過我的課、看過這本書的朋友，成為知識普及的種子，快開始寫吧！

國家圖書館出版品預行編目資料

知識內容寫作課：寫一篇真材實料的網路爆紅
好文章 / 鄭國威 著 .-- 初版 . -- 臺北市：創意市
集出版：城邦文化發行，民 107.4 面； 公分

ISBN 978-986-199-485-7（平裝）
1. 職場成功法 2. 部落格 3. 形象 4. 寫作法

494.35   107003473

知識內容寫作課
寫一篇真材實料的網路爆紅好文章

作者 鄭國威／責任編輯 黃鐘毅／版面構成 江麗姿／封面設計 陳文德／行銷企劃 辛政遠 楊惠潔／總編輯 姚蜀芸／副社長 黃錫鉉／總經理 吳濱伶／發行人 何飛鵬／出版 創意市集／發行 城邦文化事業股份有限公司／歡迎光臨城邦讀書花園網址：www.cite.com.tw ／香港發行所 城邦（香港）出版集團有限公司／香港灣仔駱克道 193 號東超商業中心 1 樓／電話：(852) 25086231 傳真：(852) 25789337 ／ E-mail：hkcite@biznetvigator.com／馬新發行所 城邦 (馬新) 出版集團／ Cite (M) Sdn Bhd 41, Jalan Radin Anum, Bandar Baru Sri Petaling, 57000 Kuala Lumpur,Malaysia. ／ Tel：(603) 90578822 ／ Fax：(603) 90576622 ／ Email：cite@cite.com.my ／印刷／凱林彩印股份有限公司／ 2022 年（民 111）12 月初版 8 刷 Printed in Taiwan. ／定價 340 元

若書籍外觀有破損、缺頁、裝釘錯誤等不完整現象，想要換書、退書，或您有大量購書的需求服務，都請與客服中心聯繫。

客戶服務中心／ 10483 台北市中山區民生東路二段 141 號 B1 ／服務電話 （02）2500-7718、（02）2500-7719

服務時間／周一至周五 9：30 ～ 18：00 ／ 24 小時傳真專線（02）2500-1990 ～ 3 ／ E-mail：service@readingclub.com.tw

※ 詢問書籍問題前，請註明您所購買的書名及書號，以及在哪一頁有問題，以便我們能加快處理速度為您服務。

※ 我們的回答範圍，恕僅限書籍本身問題及內容撰寫不清楚的地方，關於軟體、硬體本身的問題及衍生的操作狀況，請向 原廠商洽詢處理。

※ 廠商合作、作者投稿、讀者意見回饋，請至
　FB 粉絲團・http://www.facebook.com/InnoFair
　Email 信箱・ifbook@hmg.com.tw